환경공학의
생물학적 처리공정

환경공학의 생물학적 처리공정

초판 1쇄 발행 2025년 12월 31일

지은이 최용주

펴낸곳 서울대학교출판문화원
주소 08826 서울 관악구 관악로 1
도서주문 02-889-4424, 02-880-7995
홈페이지 www.snupress.com
페이스북 @snupress1947
인스타그램 @snupress
이메일 snubook@snu.ac.kr
출판등록 제15-3호

ISBN 978-89-521-3977-1 93530

이 연구는 2023년 서울대학교 미래기초학문분야 기반조성사업으로 지원되는 연구비와
환경부 지식기반 환경서비스 전문인력양성사업의 지원을 받아 수행되었습니다.

Biological Processes in Environmental Engineering

환경공학의 생물학적 처리공정

최용주 지음

서울대학교출판문화원

머리말

환경공학의 생물학적 처리공정은 환경공학을 공부하고 가르치는 나에게 큰 즐거움을 안겨주는 주제이다. 생물학적 처리공정에 담긴 심오한 과학적 원리를 조금씩 이해해가면서 앎의 즐거움을 얻고, 그 원리가 공정의 설계와 운영에 어떻게 활용되는지 눈앞에 그려보면서 새로운 연구와 공부를 위한 에너지를 얻는다. 이 주제의 강의를 듣는 학생들이 나와 같은 즐거움을 얻고 창의적인 아이디어를 만들어가는 과정을 지켜보는 것은 무엇보다 보람 있는 일이었다. 동시에 어떻게 하면 학생들이 이 주제에 대해 쉽게 이해할 수 있을지 나름대로 치열하게 고민하였고, 해가 지나고 강의를 거듭할수록 그 고민의 성과도 조금씩 보이기 시작했다.

경험이 쌓이면서 보다 많은 이에게 내가 익힌 것들을 전달했으면 하는 바람이 생겼다. 이 책은 그러한 바람을 담은 것이다. 환경공학의 생물학적 처리공정이라는 주제에 대한 지식과 경험이 아직 일천하고 더 배워야 할 것들이 가득 남아 있지만, 오히려 그렇기에 공부하는 이들의 눈높이에 더 가까이 다가갈 수 있지 않을까 하는 생각으로 감히 이 책을 세상에 내놓는다.

이 책의 서론에서 책의 주제와 범위에 대해 구체적으로 설명해놓았기에 머리말은 이것으로 갈음하고자 한다. 끝으로, 이 책을 쓰게 되기까지 소중한 가르침을 주신 선생님들과 많은 영감을 준 학생들, 그림 작성을 도와준 안선영 님, 교정을 도와준 김보근 님께 감사드린다.

2025년 겨울

최용주

차례

그림 차례

표 차례

1 서론

생물을 이용하여 오염물질의 화학적 구조를 변환하여 그 독성을 감소시키거나 이동성을 제어하는 기술은 환경공학의 다양한 공정에서 응용되고 있으며, 새로운 기술과 공정이 지속적으로 등장하고 있다. 많은 경우 생물학적 처리공정은 상대적으로 비용이 저렴하며, 화학물질의 투여가 필요 없거나 투여량이 상대적으로 적은 방식으로 운영할 수 있다. 또한, 생물학적 유기오염물질 분해 경로는 화학적 분해 경로에 비해 효율적으로 오염물질의 무해화 및 무기물화가 가능하다는 장점이 있다.

하폐수 처리, 유기성 폐기물 처리 및 자원화, 토양 및 지하수 정화, 정수처리 등 다양한 환경공학 인프라 및 정화사업에서 생물학적 처리공정이 널리 활용되고 있다. 활성슬러지(activated sludge) 공법과 그 변법, 부착식 생장공정(attached growth process)[1] 등 생물학적 처리공정의 발전은 하폐수 처리의 경제성을 확보하는 데 결정적인 역할을 하였다. 이러한 생물학적 처리공정의 발전은 하폐수 처리시설에서 생물화학적 산소요구량(biochemical oxygen demand, BOD)을 효과적으로 제거한 후 방류수를 배출할 수 있도록 하여 하천, 호소, 해양 환경의 개선과 수생태계 보호에 크게 기여해왔다. 또한, 질소와 인 등 영양염의 제거효율을 향상시킬 수 있는 생물학적 하폐수 처리공정이 처리시설에 도입됨으로써 하천, 호소, 해역의 부영양화를 방지하는 데 중추적인 역할을 하고 있다. 정수처리에서도 생물활성탄

1) 담체에 부착된 바이오필름을 이용한 오염수 처리공정.

(biological activated carbon, BAC) 공법 등 다양한 부착식 생장공정이 유기오염물질과 질산성 질소 등의 경제적 처리에 사용되고 있다. 혐기성 소화, 퇴비화 등의 생물학적 공정은 음식물 쓰레기, 가축분뇨 등 유기성 폐기물을 처리하면서 유용한 자원을 생산할 수 있다는 장점이 있으며, 그 적용이 점차 확대되고 있다. 토양 및 지하수의 오염 저감을 위한 부지 정화에서도 생물학적 공정은 매우 널리 사용되고 있다. 미생물의 종다양성은 생물학적 처리공정이 수많은 인위적 기원 화학물질에 대해 폭넓은 적용성을 갖출 수 있게 하며, 이는 위에 열거한 생물학적 처리공정의 장점들과 함께 생물학적 공정이 부지 정화에서 유용하게 활용되는 이유이다.

수처리나 부지 정화 공정 중 일부에서는 고등생물을 활용하기도 한다. 대표적인 사례로는 저영향 개발(low impact development)과 그린 인프라(green infrastructure), 인공습지, 식생 정화를 들 수 있다. 이들 공정에서는 식물이 제공하는 기능인 여과, 뿌리를 통해 흡수된 오염물질의 분해와 생체 내 축적 및 기공에서의 휘발, 근권 미생물의 생장 촉진을 통한 오염물질의 생물분해 촉진, 뿌리에서 분비된 물질을 통한 오염물질의 이동성 제어와 같은 것들이 활용된다. 또한, 조개의 여과 기능을 활용한 수처리와 같은 아이디어가 제안된 사례도 있다(Ismail et al., 2015). 그러나 이러한 사례들을 제외하면, 대부분의 환경정화 시설과 사업에서는 미생물을 생물학적 공정을 수행하는 주요 생물자원으로 활용한다. 또한, 식물과 같은 고등생물을 이용한 생물학적 공정의 원리와 설계 요령은 미생물을 활용한 공정과 다른 점이 많다. 따라서 이 책에서 논의하는 생물학적 처리공정은 미생물을 이용한 것으로 그 범위를 한정한다.

미생물 공정의 효과적인 설계와 운영을 위해서는 우리가 활용하고자 하는 미생물이 우리가 원하는 기능을 수행하기 위해서 어떤 조건이 필요한지 잘 이해하고, 이러한 조건을 제공하기 위한 방법론에는 무엇이 있는지 잘 파악해야 한다. 이를 위해 미생물학과 생화학에 대한 기초적인 지식과 함께 생물반응조의 설계 및 운영에 필요한 공학적 역량이 요구된다. 미생물의 다양성과 미생물이 매개하는 반응의 다양성, 미생물이 주변환경과 상호작용하는 양상의 다양성으로 인해 생물학적 공정의 설계와 운영에는 많은 경험적인 지식 또한 요구된다. 이러한 고찰을 바탕으로 이 책은 환경공학에서 사용되는 생물학적 처리공정의 과학적·공학적 원리를 폭넓게 소개하며, 하폐수 처리 공정을 중심으로 독자들이 생물학적 공정의 해석과 설계에 필요한 기본적인 요령을 익히고 공정의 실제에 대해 이해하도록 돕는 것을 목표로 한다.

이 책의 구성은 다음과 같다. 먼저 2장에서는 미생물학의 기초에 대해 다룬다. 여기에는 미생물 세포와 그 구성, 미생물의 분류 방법, 유전정보의 전달에서 미생물이 갖는 특이성에 대한 논의가 포함된다. 3장과 4장에서는 생화학의 기초를 다룬다. 3장에서는 대표적인 생물분자의 유형과 효소반응의 동역학, 미생물 체내에서 이루어지는 주요 물질대사 과정 등을 논한다. 4장에서는 생화학반응을 전자 전달과 에너지 전달의 관점에서 각각 해석하는 방법을 소개한다. 5장에서는 미생물 생장속도론과 반응조의 수학적 해석법을 논함으로써 6장에서 다룰 생물반응조 해석의 기초를 다진다. 6장에서는 생물반응조의 수학적 해석법을 익히고, 이 해석으로부터 생물반응조의 해석과 설계에 필요한 인자들을 도출하는 방법을 소개한다. 7장에서는 하폐수에서 질소와 인을 제거하는 생물학적 공정과 관련된 과학적 지식과 공정 구성의 기본 원리를 질산화-탈질 공정 및 향상된 생물학적 인 제거 공정을 중심으로 소개한다. 8장에서는 실제로 현장에 적용되고 있는 다양한 생물학적 하폐수 처리공정의 기본 구성과 고려사항을 논한다. 9장에서는 에너지 회수형, 에너지 절약형 하폐수 처리공정을 가장 널리 적용되는 혐기성 산화와 아나목스를 중심으로 소개한다. 마지막으로 10장에서는 난분해성 화합물이 하폐수 처리공정에서 어떻게 거동하는지 살펴보고, 난분해성 화합물의 화학적 구조를 변환하거나 무기물화할 수 있는 생물 기작에 대해 알아본다.

2 미생물학의 기초

이 책의 핵심 내용은 인간 활동으로 발생한 오염을 정화하는 데 활용될 수 있는, 세균(bacteria)을 포함한 미생물이 매개하는 생화학적 반응(biochemical reaction)에 관한 것이다. 미생물이 인간을 위해 생화학적 반응을 일으키는 것은 아니며, 대부분은 미생물의 생존을 위한 것이지만, 인간은 미생물의 이러한 작용을 최대한 유리한 방향으로(최소한의 비용을 가지고 최대한의 효과를 얻으며) 환경 정화에 활용하고자 한다. 우리는 앞으로 이러한 생화학적 반응에는 무엇이 있으며, 반응 기작을 과학적으로 어떻게 해석하고, 반응의 진행을 수학적으로 표현하여 다양한 환경적 응용 분야에 공학적으로 어떻게 활용할 수 있으며, 또한 어떻게 하면 이 반응을 원하는 장소(예: 반응조)에서 원하는 방향으로 일어나게 할 수 있는지 알아볼 것이다. 생체 기관이나 세포의 구조, 생물분자(biomolecule), 미생물의 생리학 등은 이 책에서 본질적으로 논의하는 것과는 조금 거리가 있다. 그럼에도 불구하고, 미생물이 어떻게 생화학적 반응을 매개하는지 이해하기 위해서는 이러한 미생물학 분야에 대한 최소한의 지식이 필수적이다.

이 장에서는 기초 미생물학 중에서도 가장 기본적인 내용을 다룬다. 여기에는 세포와 세포의 구성, 유전물질의 종류와 기능이 포함된다. 이어서 환경공학의 생물학적 공정에서 가장 중요한 생물군인 세균을 주요 대상으로 하여 개체 간의 유전물질 전달과 미생물의 분류 체계를 학습한다.

2.1 세포와 세포의 구성

2.1.1 세포와 그 분류

세포는 생명체를 구성하는 기본 단위이다. 우리의 주요 관심사인 세균(bacteria)이나 고균(archaea)과 같이 하나의 세포가 하나의 개체가 되는 경우가 있는 반면(단세포 생물), 여러 개의 세포가 모여 하나의 개체를 이루는 경우도 있다(다세포 생물). 살아 있는 세포는 다음과 같은 특성을 지닌다. 1) 성장과 복제가 가능하고, 2) 고도로 조직화되어 있고 세포 내외부를 가르는 경계를 통한 물질의 이동을 제어하며, 3) 탄소, 질소, 산소, 황을 주요 구성원소로 하고 이들은 환원된 상태에 있으며(산소 제외), 4) 성장, 복제, 유지관리에 필요한 물질과 에너지를 스스로 얻는다. 바이러스는 이 네 가지 특성 중 앞의 세 가지는 만족하지만 네 번째 특성을 갖추지 못해 숙주 세포 없이 성장과 복제에 필요한 물질과 에너지를 스스로 얻지 못하므로 일반적으로 생명체로 분류되지 않는다.

세포는 크게 원핵세포(prokaryotic cell)와 진핵세포(eukaryotic cell)의 두 종류로 구분할 수 있다. 원핵세포의 DNA는 핵막(nuclear membrane)에 싸여 있지 않다. 다시 말해, 원핵세포에는 핵(nucleus)이 존재하지 않는다. 원핵세포에는 DNA를 담고 있는 불규칙한 모양의 부위가 존재하며, 이를 핵양체(nucleoid)라고 한다. 반면, 진핵세포에는 DNA를 포함하는 염색체를 둘러싸고 있는 핵막이 존재하며, 따라서 진핵세포의 내부에는 분명한 경계를 이루는 핵이 존재한다. 원핵세포로 이루어진 생물은 원핵생물(prokaryotes), 진핵세포로 이루어진 생물은 진핵생물(eukaryotes)이라 부른다. 현재의 분류법에 의하면, 생물은 3개의 영역(domain)으로 나뉘며, 이 중 2개의 영역인 세균(bacteria), 고균(archaea)은 원핵생물에 속한다(그림 2-1). 세균과 고균은 비록 전체 생물을 아우르는 세 영역 중 각각 한 영역을 차지하지만, 형질학상으로는 그렇게 큰 차이를 보이는 것은 아니기 때문에, 이 책의 범주 내에서는 유사한 부류의 생물로 보아도 큰 무리가 없다. 진핵생물은 그 자체로 하나의 생물 영역을 이루며, 여기에는 균류(fungi), 원생동물(protozoa), 식물(plantae), 동물(animalia)이 포함된다.

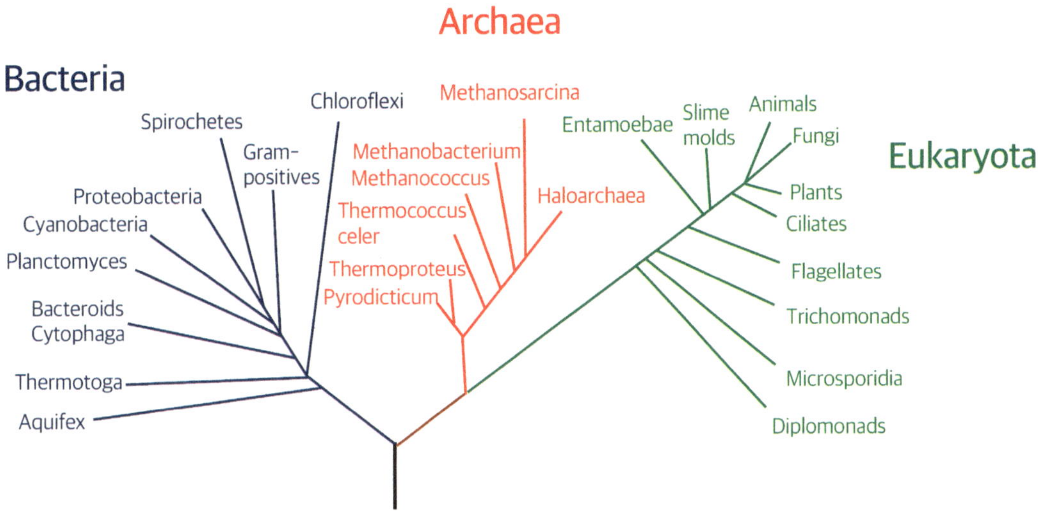

[그림 2-1] 유전학적 방법에 의한 생물 분류

2.1.2 원핵세포의 구성 요소

원핵세포를 구성하는 요소에는 세포막(cell membrane), 세포벽(cell wall), 편모(flagellum; 복수형 flagella), 섬모(pilus; 복수형 pili), 그리고 세포질(cytoplasm)이 있다. 세포질은 세포소기관, 유전물질, 효소, 염, 그 외 다양한 유기화합물이 포함된 젤(gel) 타입의 물질로, 세포막 내부의 모든 물질을 가리킨다. 원핵세포 세포질의 핵심 구성성분으로는 유전물질인 핵양체와 플라스미드(plasmid), 그리고 리보솜(ribosome)이 있다. 대부분의 진핵생물의 세포질 내에는 산소를 전자수용체로 하는 호흡을 담당하는 기관인 미토콘드리아(mitochondria)가 존재하나, 원핵생물의 세포질 내에는 이 기관이 존재하지 않는다.

핵양체에는 염색체(chromosome)가 들어 있으며, 이 염색체에는 일반적인 조건에서 원핵생물의 생존에 필요한 유전정보가 담겨 있다. 플라스미드는 작은 고리 모양의 DNA 분자로 자가복제 기능이 있다. 원핵생물은 이 물질을 다른 세포로부터 받아들이거나 다른 세포로 전달하기도 하고, 세포 외부의 환경에서 받아들이거나 세포 외부로 배출하기도 한다. 플라스미드는 염색체와는 별도의 특화된 기능을 하는데, 그중 대표적인 것으로 항생제 내성(antibiotic resistance)이 있다. 리보솜은 단백질 합성을 담당한다.

세포막은 세포질을 둘러싸 경계를 이루며, 세포 내외부의 물질 교환을 제어한다. 대부분

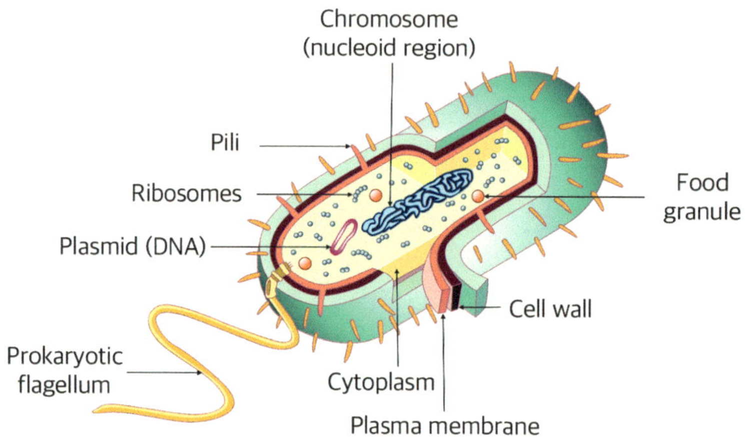

[그림 2-2] 전형적인 세균 세포의 구조

의 원핵생물은 세포벽을 갖고 있으며, 이는 세포의 형태를 결정하고 세포 내부를 물리적으로 보호한다. 편모는 채찍과 같은 모양을 띠고 있는데, 세포에 운동 기능을 부여하는 기관이다. 원핵생물 중에는 편모를 지니지 않는 것들도 많다. 대부분의 원핵세포 표면에는 섬모가 나 있는데, 원핵세포를 표면에 달라붙게 하거나 플라스미드 등의 유전물질이 세포 간에 교환되는 통로 역할을 한다. 섬모를 통한 세포 간 유전물질 교환을 접합(conjugation)이라 하며, 이에 대해서는 이 장의 후반부에서 다룬다.

2.1.3 세포의 원소 구성

세포를 구성하는 주요 원소(major elements)에는 탄소(C), 수소(H), 산소(O), 질소(N), 인(P), 황(S)이 있다. 이들 주요 원소의 일반적인 구성비를 사용하여 세포를 특정한 화학식으로 표현하기도 하는데, 이는 생화학반응을 해석하는 데 유용하게 사용된다. 세포를 나타내는 화학식 중 가장 널리 사용되는 것은 탄소:수소:산소:질소의 몰비를 5:7:2:1로 하는 $C_5H_7O_2N$이다. 이러한 화학식을 사용할 때 일반적으로 세포 내 인의 구성비는 질량 기준으로 질소의 1/5로 가정한다.

세포를 구성하는 원소 중 비교적 미량이 요구되는 것(minor elements)으로는 칼슘(Ca), 코발트(Co), 구리(Cu), 철(Fe), 마그네슘(Mg), 망간(Mn), 칼륨(K), 셀레늄(Se), 아연

(Zn) 등이 있으며, 생물종에 따라 몰리브덴(Mo), 니켈(Ni) 등을 미량 구성원소로 하는 것들도 있다. 이들은 주로 효소 작용이나 다른 생리학적 기능에 관여한다.

2.2 유전물질

아주 단순하게 표현하자면, 유전물질은 DNA와 RNA를 통칭하는 용어이다. DNA는 deoxyribonucleic acid, RNA는 ribonucleic acid의 약칭이다. 많은 경우 화합물의 구조를 그 명칭으로부터 유추할 수 있는데, RNA의 "ribo-"는 RNA가 리보스(ribose)라는 오탄당(five-carbon sugar) 물질을 포함하고 있음을 나타낸다. 반면, DNA의 "deoxyribo-"는 DNA가 리보스에서 산소 하나가 떨어져 나간 오탄당(접두사 "de"는 "분리"를 의미하며, "-oxy-"는 "산소"를 나타냄)을 가리킨다. 실제로 RNA의 리보스에 존재하는 산소 중 DNA의 오탄당에 존재하지 않는 산소는 2번 탄소의 알코올(-OH) 작용기에 있는 산소이다(그림 2-3). 즉, DNA의 2번 탄소에는 알코올 작용기 대신 수소가 결합되어 있다. 또한, DNA는 이중가닥(double-stranded), RNA는 단일가닥(single-stranded)으로 되어 있고, 염기의 구성에서도 DNA에는 아데닌(adenine, A), 티민(thymine, T), 구아닌(guanine, G), 시토신(cytosine, C)의 네 종류가, RNA에는 아데닌, 유라실(uracil, U), 구아닌, 시토신의 네 종류가 존재하는 차이가 있다(그림 2-4).

DNA와 RNA는 모두 폴리머(polymer, 또는 중합체) 분자이다. 폴리머는 모노머(monomer, 또는 단량체)라 불리는 구성단위가 결합을 통해 반복적으로 이어져 있는 고분자 물질이다. DNA와 RNA의 모노머는 뉴클레오티드(nucleotide)라 부르며, 뉴클레오티드는 하나의 (오탄)당, 인산, 그리고 염기로 이루어져 있다(그림 2-5). DNA 또는 RNA 뉴클레오티드에 있는 염기의 구조는 그림 2-6에 나와 있는데, 이는 탄소와 질소로 구성된 고리를 뼈대로 하는 물질인 퓨린(purine; 아데닌, 구아닌 해당) 또는 피리미딘(pyrimidine; 티민, 시토신, 유라실 해당) 염기이다. 염기 부분과 대조적으로 뉴클레오티드에는 산성을 띠는 작용기도 있는데, 이것이 인산이며, DNA와 RNA

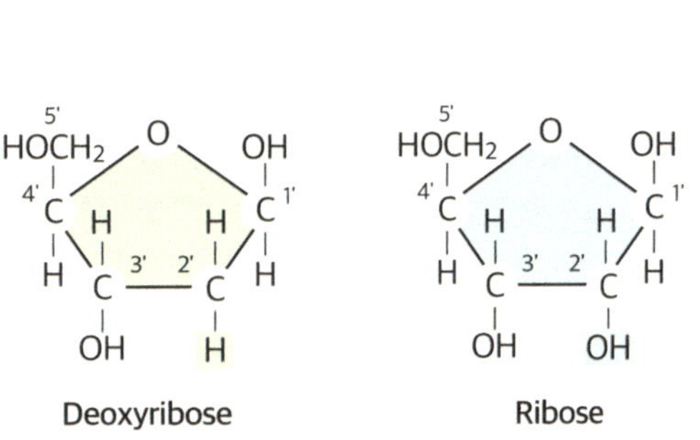

[그림 2-3] DNA와 RNA의 당 구조 비교

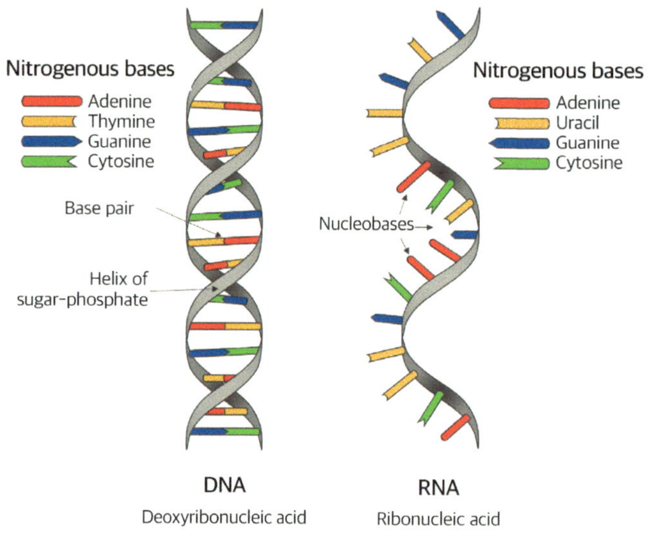

[그림 2-4]
DNA와 RNA의 구조적 차이:
이중가닥/단일가닥, 티민/유라실

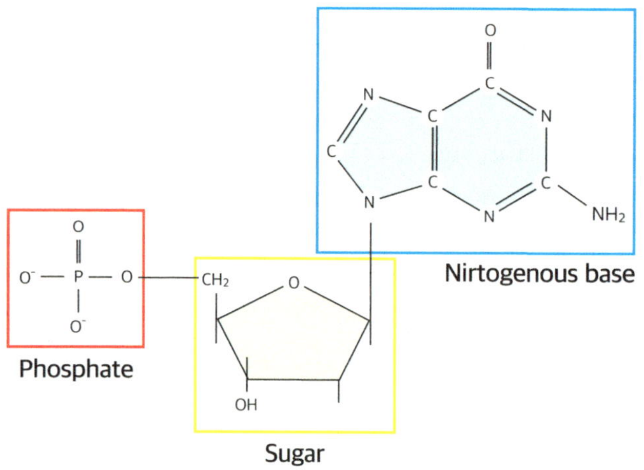

[그림 2-5]
뉴클레오티드의 기본 구조

가 '핵산(nucleic acid)'인 이유가 된다. 인산과 당은 폴리머 물질인 DNA와 RNA의 뼈대를 형성하고, 염기는 이 폴리머 물질들이 각각 고유의 정보를 저장하고 전달할 수 있도록 한다. 이 정보는 4개의 다른 염기가 배열되어 있는 순서에 의해 코딩(coding)되며, 따라서 아주 단순하게 계산하면 뉴클레오티드가 n개 존재하는 경우 서로 다른 정보를 제공하는 4^n가지의 핵산(DNA 또는 RNA) 분자가 있을 수 있다. 핵산은 매우 많은 정보를 보관할 수 있고, 강력한 식별 능력을 지닌다. 핵산이 보유한 염기에는 수소결합을 통해 서로 연결될 수 있는 '짝'이 있는데, 아데닌(A)은 티민(T)[RNA의 경우에는 유라실(U)]과 2개의 수소결합을 이루면서

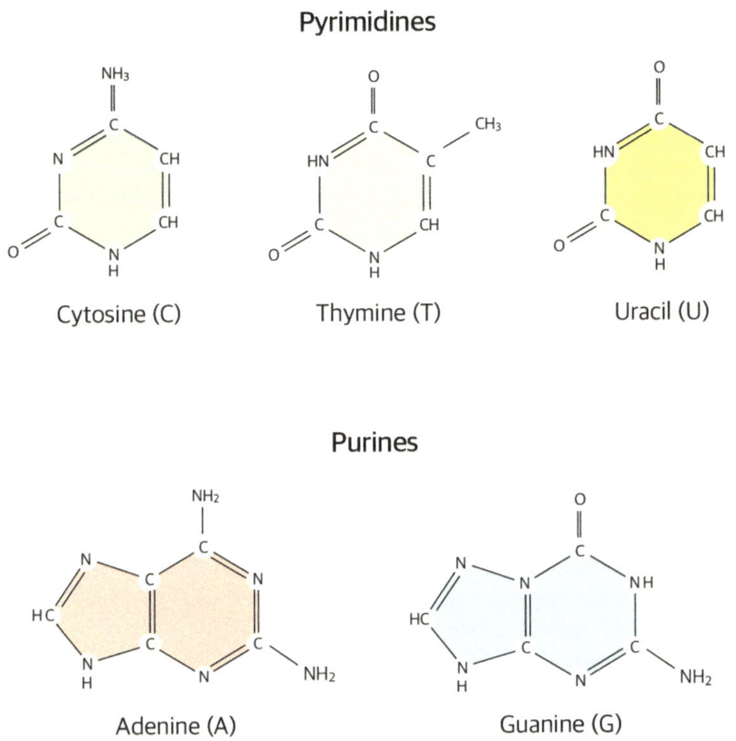

[그림 2-6] DNA 또는 RNA가 보유한 염기의 종류 및 구조

짝이 되고, 구아닌(G)은 시토신(C)과 3개의 수소결합을 이루면서 짝이 된다. 이 수소결합에 의해 DNA의 이중가닥 구조가 형성되며, DNA와 RNA가 그 고유의 기능인 복제(replication), 전사(transcription), 번역(translation)을 수행하게 된다.

이 책의 목적에 비추어 볼 때, 우리의 주된 관심사는 DNA와 RNA의 구조적 측면보다는 기능적 측면일 것이다. DNA의 주요 기능은 어떤 개체의 유전정보를 장기간(태어나서부터 죽을 때까지) 보관하는 것이다. DNA는 또한 염기서열에 의해 결정되는 이 유전정보를 한 세포에서 다른 세포로, 한 개체에서 다른 개체로 전달한다. 우리가 알고 있는 가장 기본적인 개체 간 유전정보 전달은 부모에서 자식으로의 유전정보 전달이며, 이러한 유전자 전달을 수직적 유전자 전달(vertical gene transfer)이라 한다. 이와 상반된 개념으로 수평적 유전자 전달(horizontal gene transfer)이 있으며, 이는 이 장의 후반부에서 보다 구체적으로 논한다. RNA는 DNA로부터 유전정보(염기서열 코드)를 받아 리보솜에서 효소 등의 단백질을 만든다. 이렇게 하여 만들어진 효소는 다양한 세포 기능을 수행한다. 그림 2-7에 나와 있는

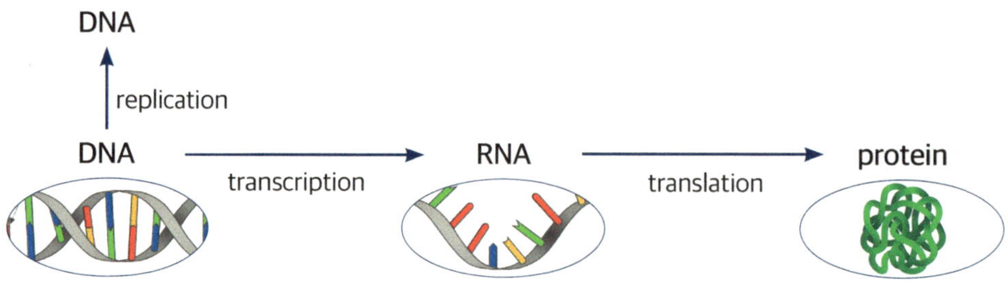

[그림 2-7] 생물분자와 복제(replication), 전사(transcription), 번역(translation)의 관계

것과 같이, 견본(template) DNA로부터 새로운 DNA가 만들어지는 과정을 복제(replication)라 하며, 견본 DNA로부터 새로운 RNA가 만들어지는 것은 전사(transcription), RNA가 전달하는 정보를 이용하여 단백질을 합성하는 것을 번역(translation)이라 한다. 이 단백질(효소)은 오염물질의 분해 반응을 유도하는 등 생물 개체(또는 세포)가 수행하는 다양한 기능의 도구가 된다. 따라서 적절한 DNA를 보유한 생물종의 존재 없이는 특정 오염물질의 생물학적 분해가 일어나지 않는다. DNA로부터 RNA가 전사되어 번역을 통해 특정 효소를 합성하는 것은 무조건적으로 일어날 수도 있지만, 많은 경우에 어떠한 자극에 의해 조건부로 일어난다. 따라서 우리가 환경 시료(물, 토양 등)로부터 DNA를 분석하는 것은 시료에 존재하는 생물의 잠재적 능력(potential)을 파악하는 작업이라고 할 수 있고, RNA를 분석하는 것은 이 능력의 실질적인 발현(expression)을 관찰하는 것으로 볼 수 있다.

2.3 생물 분류학

2.3.1 형질학적 분류와 유전학적 분류

분류학은 영어로 taxonomy라 하며, 생물을 분류하는 방법에는 크게 형질학적인 방법과 유전학적인 방법이 있다. 형질학적인 방법은 관찰 가능한 물리적 특성을 이용하여 생물을 분류하는 것이다. 형질학적인 분류에 주로 사용되는 것으로는 외형적인 특성, 염료나 색소를 흡착·흡수하여 색을 나타내는 특성, 화합물의 변환 능력 등이 있다. 현대의 생물 분류학에서는 형질학적인 방법보다 유전학적인 방법을 더 중요하게 사용하는데, 이는 유전물질의 특성을 파악하여 진화론적인 관점에서 생물을 분류하는 방법이다. 즉, 특정 유전물질의 염기서열을 이용하여 생물이 진화한 방향을 추적하고, 유전물질 염기서열의 유사성, 진화론적인 관계를 바탕으로 생물을 분류한다. 현재의 계통학적 생물 분류 체계[phylogenetic classification system; 영역(domain)–계(kingdom)–문(phylum)–강(class)–목(order)–과(family)–속(genus)–종(species)]는 유전학적인 분류법을 사용한 것이다.

원핵생물의 유전학적 분류에는 16S rRNA가 사용된다. 원핵세포의 리보솜에는 50S와 30S의 두 단위체가 있는데, 각 단위체는 리보솜RNA(ribosomal RNA, rRNA)와 단백질로 이루어져 있으며, 16S rRNA는 이 중 작은 단위체인 30S를 구성하는 rRNA이다. 엄밀히 말해서, 유전물질 분석에 실질적으로 이용되는 것은 이 rRNA 자체가 아니라 16S rRNA를 코딩하는 DNA이나, 통상적으로 유전학적 분류에 16S rRNA를 이용한다고 표현한다. 16S rRNA를 코딩하는 DNA는 다른 DNA에 비해 진화 속도가 느려 진화가 상당히 진행되어도 상당 부분의 염기서열이 보존되어 있는 경우가 많다. 원핵생물의 유전학적 분류에 이 DNA가 이용되는 것은 이러한 특성에 기인한다.

2.3.2 형질학적 방법에 따른 생물 분류

현대의 계통학적 생물 분류 체계는 유전학적 분류법에 따라 이루어지나, 형질학적 분류법 또한 생물의 특성을 유형화하고 이해하는 데 큰 도움이 된다. 생물, 특히 미생물을 분류하는 데 자주 활용되는 기준으로는 에너지원의 종류, 탄소원의 종류, 생장과 산소의 관계가 있다.

사용하는 에너지원에 따라 생물은 크게 광영양생물(phototroph)과 화학영양생물(chemotroph)로 분류된다. 광영양생물은 빛을 에너지원으로, 화학영양생물은 화학반응을 에너지원으로 사용한다. 화학영양생물은 다시 화학유기영양생물(chemoorganotroph)과 화학무기영양생물(chemolithotroph)로 분류할 수 있는데, 전자는 유기물질의 화학반응을 에너지원으로, 후자는 무기물질의 화학반응을 에너지원으로 사용한다.

생육에 필요한 탄소원의 종류에 따라 생물은 종속영양생물(heterotroph)과 독립영양생물(autotroph)로 분류되며, 종속영양생물은 유기물질을 탄소원으로, 독립영양생물은 이산화탄소 등의 무기물질을 탄소원으로 사용한다. 모든 화학유기영양생물은 종속영양생물이지만, 종속영양생물 중에서는 화학유기영양생물이 아닌 것들도 있다.

생장과 산소의 관계에 따라서는 생물을 크게 호기성생물(aerobe)과 혐기성생물(anaerobe)로 분류한다. 여기서 산소는 분자상 산소(O_2)를 의미한다. 호기성생물 중에서 호흡에 필요한 전자수용체로 오로지 산소만 이용 가능한 것을 순호기성생물(obligate aerobe)이라 한다. 일부 미생물은 산소가 있는 조건에서는 산소를 전자수용체로 이용하나 산소가 없는 조건에서 질산염(NO_3^-) 등 다른 물질을 전자수용체로 이용할 수 있는데, 이들을 통성호기성생물(facultative aerobe)이라 한다. 혐기성생물 중 분자상 산소가 존재하는 조건에서 생육 가능한 생물을 내기성혐기성생물(aerotolerant anaerobe), 생육 불가능한 생물을 절대혐기성생물(obligate anaerobe)이라 한다.

세균은 자연환경과 인간의 생활환경 도처에 존재한다. 생물집단으로서의 세균은 매우 다양한 화합물을 다양한 경로로 변환 또는 분해시킨다. 따라서 환경공학의 생물학적 처리공정에서 세균은 가장 핵심적인 연구 대상이자 활용 대상이다. 다양한 종으로 구성된 세균 군집은 형질학적 다양성과 종간 물질교환을 통해 고분자 화합물과 다양한 화학물질의 혼합물을 분해하는 데 탁월한 능력을 발휘하며, 환경조건에 따라 군집의 종구성을 변화시키고 유전적으로 진화하는 능력이 뛰어나 난분해성 화합물의 분해에도 효과적일 때가 많다.

세균을 형질학적으로 분류하는 대표적인 방법으로 그람(Gram) 염색법이 있다. 이 방법은 1884년 덴마크의 미생물학자 H. C. Gram에 의해 발명된 것으로 세균을 그람 양성균(gram-positive bacteria)과 그람 음성균(gram-negative bacteria)으로 분류한다. 이 시험법을 아주 개략적으로 설명하면, 먼저 세균 세포에 crystal violet 염료와 요오드를 순차적으로 가하여 보라색으로 염색시키고, 에탄올 또는 아세톤으로 씻어낸 후 붉은색 염료인 safranin을 가한다. 그람 양성균에 결합된 crystal violet–요오드 복합체는 유기용매에 의해 쉽게 세척되지 않는 반면, 그람 음성균의 crystal violet–요오드 복합체는 쉽게 세척되므로 그람 양성균은 보라색, 그람 음성균은 분홍색을 띠게 된다.

그람 양성균과 그람 음성균의 착색 특성 차이는 세포벽 및 세포막의 구조적 차이에 기인한다(그림 2-8). 그람 양성균의 세포 외부는 단일 세포막이 두꺼운 다층 구조의 펩티도글리칸(peptidoglycan) 세포벽으로 덮여 있으며, 여기에 결합된 crystal violet–요오드 복합체는 이 구조에 갇혀 유기용매에 의해 쉽게 씻겨나가지 않는다. 반면, 그람 음성균의 세포 외부는 얇은 펩티도글리칸 층이 두 개의 막에 둘러싸인 구조로, 여기에 결합된 crystal violet–요오드 복합체는 유기용매에 비교적 쉽게 씻겨나간다. 그람 음성균 세포의 표면은 유기용매에 의해 탈색되었다가 safranin에 의해 염색되어 분홍색을 띠게 된다.

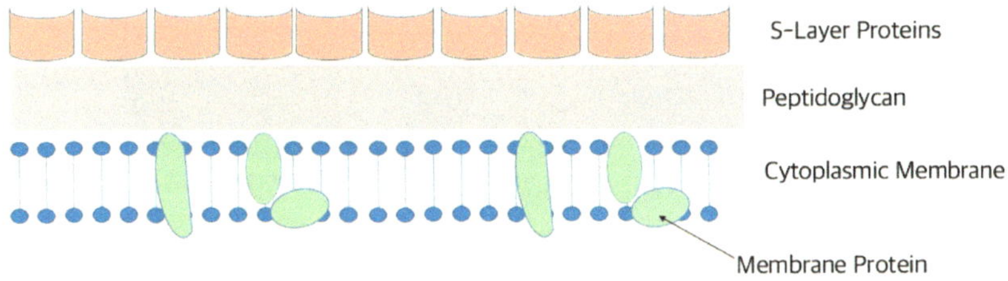

(a) Gram-Positive Cell Envelope

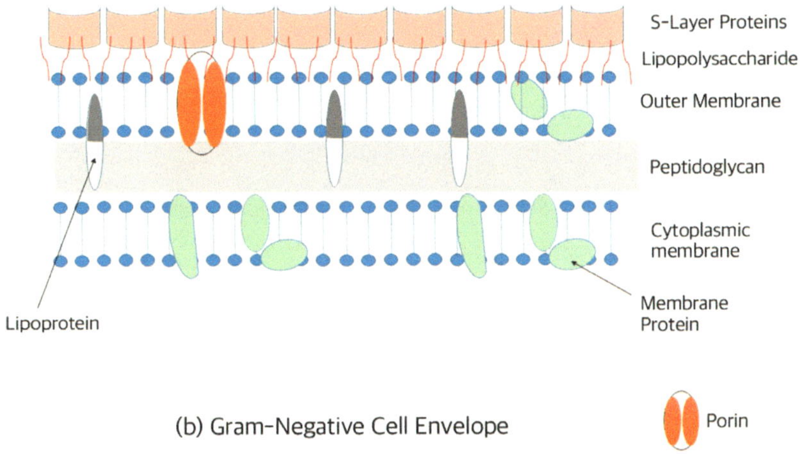

(b) Gram-Negative Cell Envelope

[그림 2-8] 그람 양성균과 그람 음성균의 세포벽 및 세포막 구조 차이

출처: https://commons.wikimedia.org/wiki/File:Gram-Positive_Cell_Envelope.jpg, https://commons.wikimedia.org/wiki/File:Gram-Negative_Cell_Envelope.jpg; 그림 부분 편집.

2.4 수평적 유전자 전이

수평적 유전자 전이(horizontal gene transfer)는 이미 생겨난 개체 간에 발생하는 유전자 전달을 가리키는 것으로, 부모에서 자식으로 유전자가 전달되는 수직적 유전자 전이(vertical gene transfer)에 대응되는 개념이다. 수평적 유전자 전이는 세균을 포함한 단세포 생물의 진화와 항생제 내성 확산의 주요 기전이다. 수평적 유전자 전이의 기작에는 크게 형질전환(transformation), 형질도입(transduction), 접합(conjugation)의 세 가지가 있다(그림 2-9).

형질전환은 세포 외부 환경에 존재하는 유전물질이 세포에 들어와서 그 세포의 유전물

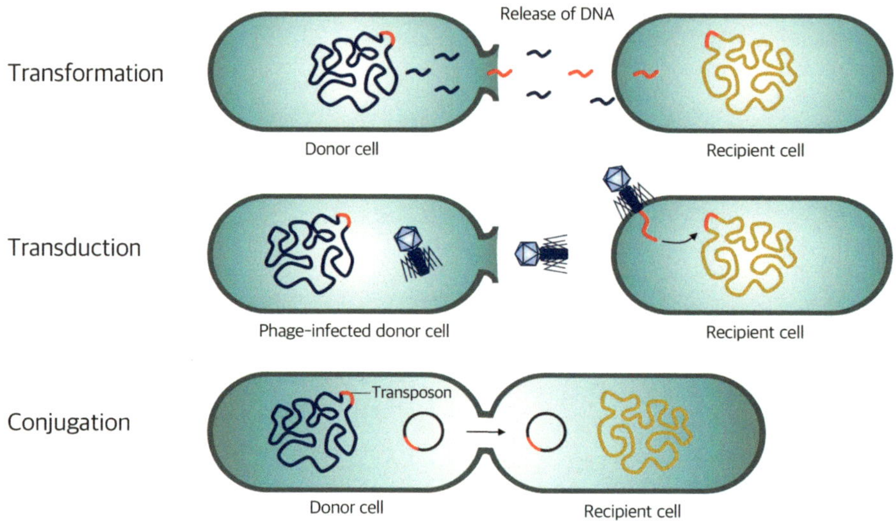

[그림 2-9] 세균의 형질전환(transformation), 형질도입(transduction), 접합(conjugation)의 모식도

질로 기능하는 것을 의미한다. 형질도입은 바이러스에 감염된 숙주 세포의 DNA가 바이러스의 복제 과정에 끼어들고, 이후 복제된 바이러스가 다른 세포를 감염시킴으로써 유전물질의 전달이 일어나는 것이다. 접합은 세포와 세포 사이에 물리적인 접촉이 생기고, 그동안 한 세포에서 다른 세포로 유전물질이 이동하는 것이다. 많은 경우 접합은 섬모(pilus)를 통해 일어난다. 접합으로 전달되는 유전물질은 주로 플라스미드 또는 트랜스포존(transposon)[2] 이다.

2) 유전자(주로 DNA) 중 위치 이동이 가능한 부분.

3 생물분자와 효소반응 및 물질대사

3.1 생물분자

대표적인 생물분자(biomolecule) 물질에는 탄수화물(carbohydrates), 지방을 포함한 지질류(lipids), 단백질(protein), 핵산(nucleic acid)이 있다. 핵산, 즉 DNA와 RNA에 대해서는 2.2절에서 상세히 소개했으므로 여기에서는 탄수화물, 지질류, 단백질에 대해 소개한다.

3.1.1 탄수화물

생화학에서 탄수화물은 당류(saccharides)와 동의어이며, 이들은 단당류(monosaccharides)를 모노머로 한다. 탄수화물 또는 당류는 분자에 존재하는 모노머의 개수에 따라 단당류, 이당류(disaccharides), 올리고당류(oligosaccharides), 다당류(polysaccharides)로 나뉜다. 이당류는 단당류 2개가 결합된 물질을, 올리고당류는 일반적으로 단당류가 2개 또는 3개에서 10개까지 결합된 물질을, 다당류는 10개가 넘는 단당류가 결합된 물질을 가리킨다. 다당류에는 녹말(starch), 셀룰로오스(cellulose), 글리코겐(glycogen) 등이 있다. 키틴(chitin)은 포도당의 파생물질인 N-acetylglucosamine을 모노머로 하는 폴리머로, 탄수화물 유사체이다(그림 3-1).

탄수화물은 생물체의 주요 에너지원으로 사용된다. 탄수화물은 에너지 저장물질로 기능

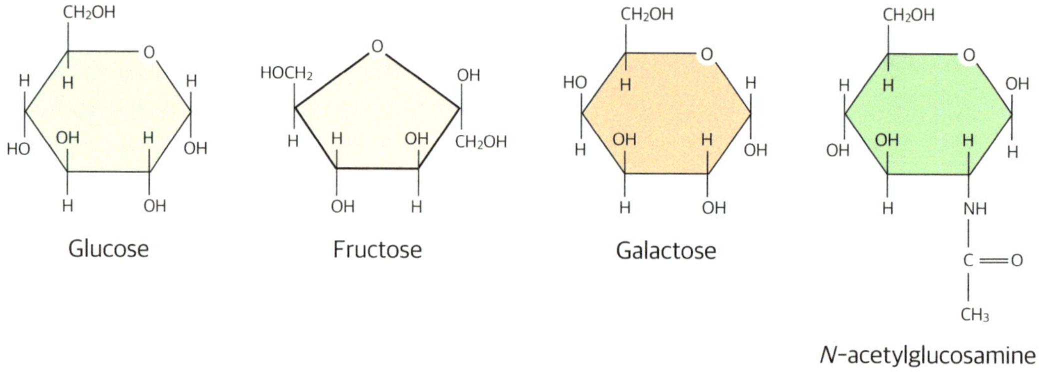

[그림 3-1] 단당류인 포도당(glucose), 과당(fructose), 갈락토오스(galactose)와 키틴의 모노머인 N-acetylglucosamine의 구조

하기도 하는데, 식물은 주로 녹말을, 동물은 주로 글리코겐을 생체 내에 저장했다가 포도당으로 분해하여 추후 호흡 반응에 사용한다. 또한, 탄수화물은 세포나 생물에 구조적 강도를 부여하는 역할을 하기도 하는데, 대표적인 예로는 식물의 세포벽을 구성하는 주요 물질인 셀룰로오스와 절지동물의 외골격, 연체동물의 껍질, 균류의 세포벽 등을 구성하는 주요 물질인 키틴이 있다.

3.1.2 지질류

지질류는 탄수화물, 단백질, 핵산 등 다른 생물분자와는 달리 중합체 구조가 아니며 다양한 소수성(hydrophobic) 또는 양쪽 친매성(amphiphilic) 물질의 총칭이다. 양쪽 친매성 물질이란 친수성과 친유성을 동시에 갖는 계면 활성 물질을 가리킨다. 지질류에 속하는 물질로는 지방, 왁스류(waxes), 콜레스테롤을 포함한 스테롤류(sterols), 지용성 비타민(비타민 A, D, E, K 등), 모노글리세리드류(monoglycerides), 디글리세리드류(diglycerides), 인지질류(phospholipids) 등이 있다. 생물에서 지질류는 에너지 저장 물질(예: 지방), 세포막 구성 성분(예: 인지질), 신호전달 물질(예: 스테로이드계 호르몬) 등으로 사용된다. 지방은 글리세롤에 3개의 지방산[fatty acid; 지방족 사슬(aliphatic chain)에 카르복시산 작용기가 있는 물질]이 결합된 구조로, 3개의 지방산 모두가 단일결합만으로 이루어진 포화 지방산일 경우 포화 지방(saturated fat)으로, 이중결합이 최소한 하나 존재할 경우 불포화 지방(unsaturated fat)으로 불린다(그림 3-2).

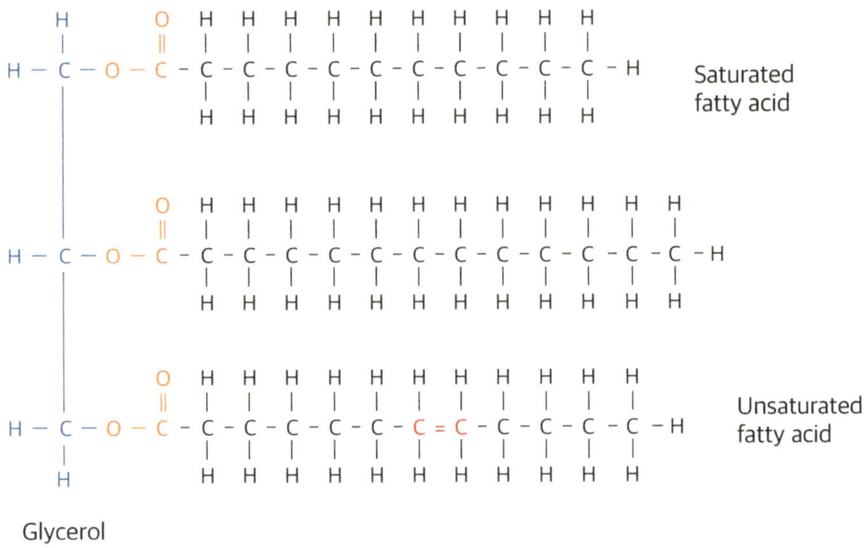

[그림 3-2] 지방의 구조
글리세롤에 결합된 첫 2개의 지방산은 포화 지방산(saturated fatty acid), 마지막 지방산은 불포화 지방산(unsaturated fatty acid)이다. 불포화 지방산의 존재로 이 물질 전체는 불포화 지방(unsaturated fat)이 된다.

3.1.3 단백질

단백질은 아미노산을 모노머로 하는 폴리머 물질이다. 아미노산은 아미노(-NH_2) 작용기와 카르복시산(-COOH) 작용기로 이루어진 물질이다(그림 3-3). 곁가지(side chain)의 화학적 구조에 따라 자연계에 존재하는 아미노산은 수백 종에 달하나, 생물이 RNA의 번역(translation) 과정을 통해 생성하는 아미노산은 통틀어 22종인 것으로 알려져 있다. 아미노산은 서로 펩티드 결합을 통해 연결되며, 궁극적으로 고분자의 3차원 단백질 구조를 형성하는데, 생화학에서는 이 구조적 특성을 1차, 2차, 3차, 4차 구조로 구분하여 설명한다. 단백질의 1차 구조는 아미노산의 배열 순서를 가리키며, 2차 구조는 아미노산 배열로 만들어진 폴리펩티드(polypeptide) 골격 사슬의 규칙적인 국소 구조를 가리키는 것으로 알파 나선 구조, 베타 병풍 구조가 있다. 단백질의 3차 구조는 알파 나선 구조와 베타 병풍 구조가 접혀서 이루어진 컴팩트한 3차원의 구형 구조를 뜻하며, 4차 구조는 둘 이상의 개별적인 아미노산 폴리머가 응집하여 이루어진 3차원 구조를 가리킨다. 이렇게 섬세하게 이루어진 구조적 특성에 따라 단백질은 화학물질, 온도 등 외부 자극에 따라 그 모양이 변화하게 되고, 이에

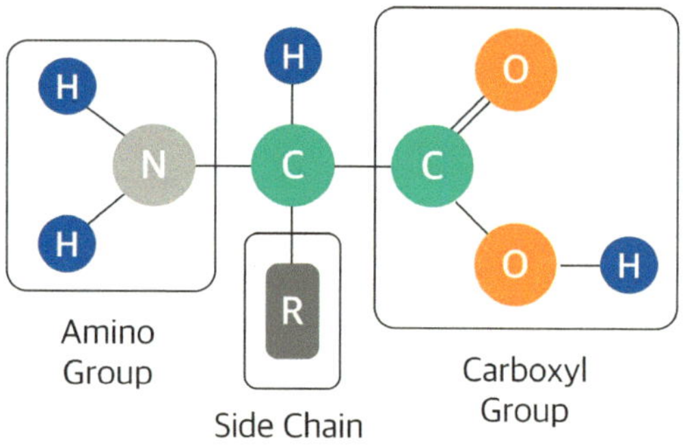

[그림 3-3]
아미노산의 기본 구조

따라 외부 자극에 반응하고 활성에 변화를 일으키게 된다.

단백질은 세포와 생물의 기능 대부분에 관여하며, 세포와 생물체의 구조를 형성하는 주요 성분이기도 하다. 효소는 생화학반응의 촉매 역할을 하는 중요한 물질이며, 항체(antibody 또는 immunoglobulin)는 세균과 바이러스 감염으로부터 세포와 생물체를 보호하는 역할을 한다. 헤모글로빈은 세포로 산소를 전달하고 세포로부터 이산화탄소를 수집하는 역할을 한다. 이들 물질은 모두 단백질의 일종이다.

3.2 효소와 효소반응

3.2.1 효소와 효소반응의 원리

효소(enzyme)는 특정한 생화학적 반응을 유도하는 단백질이다. 많은 생화학적 반응은 생명체가 존재하는 조건(즉, 효소가 존재하는 조건)에서는 활발하게 일어나지만 생명체가 존재하지 않는 조건(즉, 효소가 존재하지 않는 조건)에서는 거의 일어나지 않는다. 이는 이 반응이 열역학적으로 발생 가능(thermodynamically favorable)한 반응이지만 효소의 작용 없이는 높은 활성화 에너지(activation energy)로 인해 반응 속도가 극히 느리기 때문이다. 효소는 이러한 활성화 에너지를 낮추어 생명체가 이용 가능한 속도로 생화학적 반응이 일어날 수 있도록 촉매의 역할을 한다.

그림 3-4에 효소의 작용 기작을 단순화하여 나타냈다. 효소반응은 흔히 열쇠와 자물쇠가 작동하는 방식에 견주어 설명한다(lock-and-key model). 효소 단백질에는 반응물인 기질

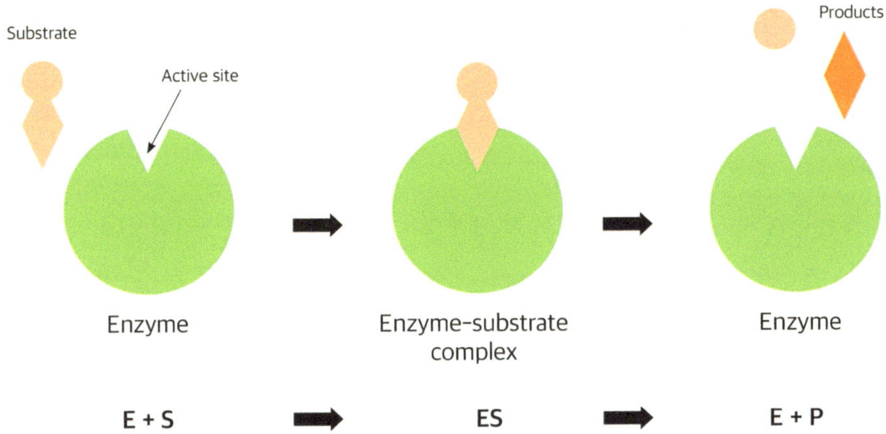

[그림 3-4] 효소반응의 단순화 표현

(substrate)이 특이적으로 결합될 수 있는 화학적 구조와 특성을 지니는 활성 영역(active site)이 존재한다. 반응물이 선택적으로 활성 영역에 결합되어 효소-기질 복합체(enzyme-substrate complex)를 형성하면, 빠른 속도로 반응이 일어나 생성된 반응 생성물(products)이 효소로부터 방출되고 효소는 원래의 형태로 돌아간다. 그림 3-4에는 단일 분자인 기질이 효소에 의해 2개의 분자로 분리되는 반응이 나타나 있으나, 반대로 2개 또는 그 이상의 분자가 효소에 결합된 후 합쳐져 1개의 분자를 생성하는 경우도 있다. 효소-기질 복합체와 대비하여 원래의 효소 형태를 자유 효소(free enzyme)라 부른다.

3.2.2 효소반응의 속도론

자유 효소를 기호 E로, 기질을 S로, 효소-기질 복합체를 ES로 각각 표기하면(그림 3-4), 효소반응은 다음과 같이 두 단계의 가역반응으로 나타낼 수 있다.

$$\text{단계 1:} \quad E + S \underset{k_{-1}}{\overset{k_1}{\rightleftharpoons}} ES \tag{3-1}$$

$$\text{단계 2:} \quad ES \underset{k_{-2}}{\overset{k_2}{\rightleftharpoons}} E + P \tag{3-2}$$

여기서 k_1, k_2는 각 단계 정반응의 반응상수이고, k_{-1}, k_{-2}는 각 단계 역반응의 반응상수이다. 그리고 각 물질의 농도는 대괄호([ ])로 나타낸다. 추가적으로 다음의 세 가지를 가정한다.

1) 시스템 내의 총 효소 농도는 일정하다.
2) 단계 2의 역반응의 속도가 매우 느리므로 단계 2는 실질적으로 비가역반응에 가깝다.
3) $[ES]$는 유사 정상상태(pseudo steady state)에 있다. 이것은 ES의 농도 변화 속도가 단계 1의 정반응과 역반응, 단계 2의 정반응의 속도보다 충분히 느림을 의미한다.

위와 같은 반응의 정의와 가정을 이용하면 간단한 계산을 거쳐 효소반응의 속도를 수학적으로 나타낼 수 있다. 우선 화학적 원리에 의해 각 반응단계의 속도는 반응상수와 반응에 참여하는 각 분자의 농도의 곱으로 나타낼 수 있다는 것을 기억하자. 가정 3)이 성립하기 위하여 ES의 생성반응과 ES의 분해반응의 속도는 동일해야 한다. ES의 생성반응은 단계 1의 정반응이 유일하고(가정 2)에 따라 단계 2의 역반응은 무시), ES의 분해반응은 단계 1의 역반응과 단계 2의 정반응이 있으므로,

$$k_1[E][S] = k_{-1}[ES] + k_2[ES] \tag{3-3}$$

가 성립한다. 이 식을 $[E]$에 대해 나타내면 다음과 같다.

$$[E] = \frac{k_{-1} + k_2}{k_1}\frac{[ES]}{[S]} \tag{3-4}$$

또한, 시스템 내의 총 효소 농도 $[E]_{total}$은 자유 효소의 농도와 효소-기질 복합체의 농도의 합과 같다. 즉, 다음의 식이 성립한다.

$$[E]_{total} = [E] + [ES] \tag{3-5}$$

가정 1)에 따라 $[E]_{total}$은 일정하다. 식 (3-4)를 식 (3-5)에 대입하고 정리하여 $[ES]$에 관하여 나타내면 다음과 같다.

$$[ES] = \frac{[S][E]_{total}}{\left(\frac{k_{-1}+k_2}{k_1}\right)+[S]} \tag{3-6}$$

또는, K_M을 다음과 같이 정의할 수 있다.

$$K_M = \frac{k_{-1}+k_2}{k_1} \tag{3-7}$$

이는 반응상수의 결합이므로 이 또한 상수가 되며, 식은 다음과 같이 표현된다.

$$[ES] = \frac{[S][E]_{total}}{K_M+[S]} \tag{3-8}$$

이제 효소반응의 속도에 대해 고찰해보자. 효소반응의 속도는 기질 S의 농도가 감소하는 속도 또는 반응 생성물 P의 농도가 증가하는 속도로 정의할 수 있을 것이다. 그런데 가정 3)에 의해 어떤 시점에서 $[ES]$는 유사 정상상태에 있으므로, 반응의 중간 생성물인 ES는 축적되거나 줄어들지 않는다. 따라서 기질 S가 분해되는 속도는 생성물 P가 생성되는 속도와 동일하여야 한다. 다시 말해, 주어진 가정에서 효소반응의 속도는 기질 S의 분해 속도와 생성물 P의 생성 속도 중 어떤 것으로 표현해도 동일한 결과를 나타낸다. 후자를 사용하면 이는 단계 2의 정반응 속도이므로

$$v = \frac{d[P]}{dt} = k_2[ES] = \frac{k_2[S][E]_{total}}{K_M+[S]} = v_m\frac{[S]}{K_M+[S]} \tag{3-9}$$

또는

$$v = v_m\frac{[S]}{K_M+[S]} \tag{3-10}$$

이다. 여기서, v = 효소반응 속도,

v_m = 최대 효소반응 속도이다.

효소반응 속도 v를 기질의 농도 $[S]$에 대해 도시하면 그림 3-5와 같다. 그림을 통해 $[S]$가 증가함에 따라 v는 최댓값 v_m에 접근함을 알 수 있다. 이는 식 (3-10)을 통해서도 알 수 있는데, 식에서 $[S]$가 무한하면 $v = v_m$이 성립함을 확인할 수 있다. 또한, 식 (3-9)와 (3-10)을 통해서 $v_m = k_2[E]_{total}$임을 알 수 있다. 주어진 가정에서 물리적으로 달성 가능한 $[ES]$의 최댓값은 $[E]_{total}$이며, 이는 기질이 과다하게 존재하여 모든 효소가 효소-기질 복합체인 ES를 형성하며 자유 효소인 E를 찾아볼 수 없는 상태를 의미한다. 이러한 해석을 통해 주어진 가정에서 식 (3-10)이 물리적 타당성을 지님을 확인할 수 있다.

한편, 그림 3-5 또는 식 (3-10)을 통해 $[S] = K_M$인 조건에서 효소반응의 속도는 최대속도의 절반($v_m/2$)이 되는 것을 알 수 있으며, 따라서 K_M을 반포화상수(half-saturation constant)라 부른다. 식 (3-10)을 통해 $[S] \ll K_M$인 조건에서는 효소반응 속도 v가 $[S]$에 대한 1차 반응의 형태로 표현되는 것을 알 수 있다. 이것에 해당하는 물리적인 조건은 기질의 농도가 (효소의 농도에 비해) 매우 낮아서 대부분의 효소가 자유 효소 상태에 있고 극히 일부만 효소-기질 복합체의 형태를 띠므로, 농도가 증가함에 따라 비례적으로 효소-기질 복합체의 농도 $[ES]$가 증가하고, 따라서 농도 증가에 비례하여 효소반응의 속도 $v = k_2[ES]$가 증가하는 상황이다. 반대로 $[S] \gg K_M$인 조건에서는 효소반응 속도 v가 $[S]$에 대한 0차 반응의 형태로 나타난다. 이것은 위에서 설명한 바와 같이, 시스템 내의 효소가 기질로 포화된 상태, 즉 모든 효소가 효소-기질 복합체의 형태로 존재하는 상태를 가리킨다. 따라서 이 조건에서 시스템 내의 효소는 발휘할 수 있는 최대의 속도로 기질을 분해하고 있으며, 기질이 추가적으로 유입되어도 추가적인 반응을 일으킬 수 없다.

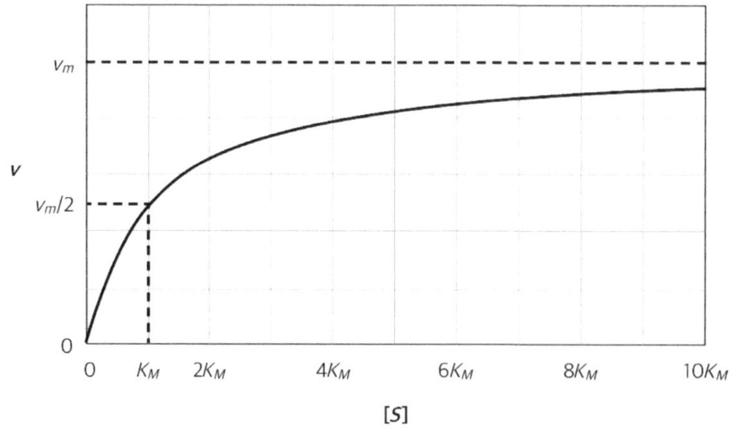

[그림 3-5] Michaelis–Menten 식을 실제로 도시한 결과

독일의 생화학자인 Leonor Michaelis와 캐나다의 의사 Maud Menten은 1913년에 발표한 논문에서 식 (3-10)과 같은 형태의 효소반응식을 제안하였으며(Michaelis and Menten, 1913), 오늘날 이는 Michaelis–Menten 식으로 불린다.

3.2.3 가역적 저해와 비가역적 저해

효소반응의 저해(inhibition)란 기질 외의 화학물질이 효소에 결합하여 효소의 활성을 감소시키는 것이다. 효소반응의 저해 작용에는 크게 두 가지 종류가 있는데, 하나는 가역적 저해(reversible inhibition)이며 다른 하나는 비가역적 저해(irreversible inhibition)이다. 가역적 저해는 저해제(inhibitor)가 효소에 가역적으로 결합하는 것으로 비공유 결합일 경우에 발생하며, 저해제가 사라지면 원래의 효소 활성이 회복된다. 비가역적 저해는 저해제가 효소에 비가역적으로 결합하는 것으로 저해제와 효소가 공유 결합을 형성할 경우 발생한다. 비가역적 저해가 발생하면 효소는 영구적으로 활성을 잃게 된다.

비가역적 저해는 활성을 띠는 효소의 총량(농도)을 저감시키는 작용을 하므로 그 발생에 의해 $[E]_{total}$이 변화할 뿐 Michaelis–Menten 식은 원형 그대로 적용된다. 반면, 가역적 저해에는 여러 유형이 있으며, 각 유형마다 효소반응식에 미치는 영향이 다르다. 가역적 저해의 각 유형이 효소반응 속도에 미치는 영향을 모의하기 위해서는 3.1절에서 수행했던 것과 같은 방식으로 저해 작용의 존재하에서의 효소반응을 적절한 가정과 함께 단순화하여 표현하고, 이를 통하여 효소반응 속도를 주어진 매개변수로 표현해야 한다. 대표적인 가역적 저해의 유형에는 경쟁적 저해(competitive inhibition), 반경쟁적 저해(uncompetitive inhibition), 무경쟁적 저해(non-competitive inhibition)가 있으며, 각 유형에서의 효소–저해제 간 결합 형태는 그림 3-6에 표현한 것과 같이 서로 다르게 나타난다.

3.2.4 가역적 저해가 효소반응 속도에 미치는 영향

이 절에서는 가역적 저해의 각 유형인 경쟁적 저해, 반경쟁적 저해, 무경쟁적 저해가 각각 효소반응 속도에 어떤 영향을 미치는지 살펴본다. 이 논의를 위하여 우리는 1) 각 가역적 저해 반응을 개념적으로 이해하고, 2) 개념적 이해를 바탕으로 연관된 반응 단계를 단순화하여 표현하며, 3) 적절한 가정을 수립하고, 4) 각 가역적 저해의 영향하에서 효소반응 속도를

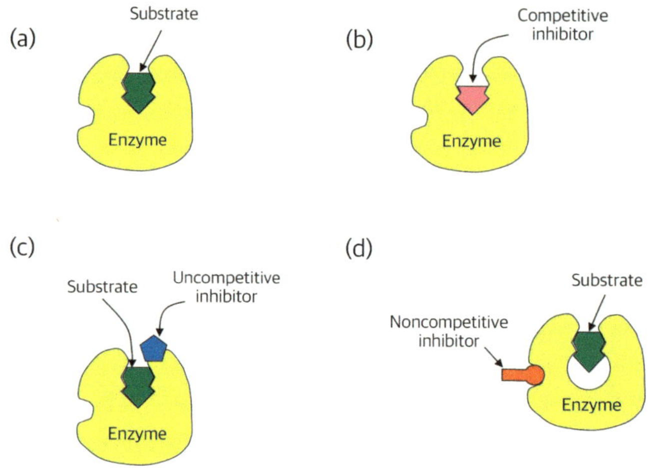

[그림 3-6] 효소반응의 가역적 저해의 도식화된 표현
(a) 저해제가 존재하지 않는 경우의 효소-기질 복합체 형성, (b) 경쟁적 저해제에 의한 저해, (c) 반경쟁적 저해제에 의한 저해, (d) 무경쟁적 저해제에 의한 저해.

나타내는 식을 도출할 것이다. 이 과정은 우리가 앞서 3.2.2절에서 Michaelis–Menten 식을 도출할 때 사용했던 방법론과 다르지 않다. 우리는 이 논의를 통해서 서로 다른 유형의 경쟁적 저해가 효소반응 속도에 어떤 영향을 미치는지 보다 완전하게(그리고 쉽게 잊히지 않을 수준으로) 이해할 수 있다. 또한, 이러한 일련의 과정을 따라 하면서 생물학적 작용을 수학적 모델로 표현하는 방법을 체득하게 될 것이다.

경쟁적 저해

그림 3-6b에 나타나 있듯이, 경쟁적 저해는 기질이 효소와 결합하는 자리에 저해제(inhibitor)가 대신 결합하여 발생한다. 저해제가 효소에 결합하여 효소-저해제 복합체(enzyme-inhibitor complex, 기호 EI로 표현)를 형성하면 기질은 효소에 결합할 기회를 잃게 된다. 즉, 기질과 저해제는 효소의 결합부를 놓고 경쟁하는 관계에 있다.

이제 Michaelis–Menten 식을 도출할 때와 유사한 방식으로 경쟁적 저해제가 존재할 때 발생 가능한 반응을 반응식으로 나타내 보자. 우선, 경쟁적 저해제의 존재 여부와 관계없이 효소와 기질이 존재하면 다음의 기본 효소반응이 발생한다.

$$E + S \underset{k_{-1}}{\overset{k_1}{\rightleftarrows}} ES \xrightarrow{k_2} E + P \tag{3-11}$$

저해제가 관여하는 반응은 여기에 추가적으로 발생한다. 저해제는 효소에 의해 반응이 일어나는 물질이 아니라 단순히 효소의 결합 부위에 결합하였다가 떨어지는 물질이다. 이 결합-분리 반응을 다음과 같이 표현할 수 있다.

$$E + I \underset{k_{-3}}{\overset{k_3}{\rightleftarrows}} EI \tag{3-12}$$

여기서 k_3, k_{-3}은 각각 효소와 경쟁적 저해제 간 결합의 정반응과 역반응의 반응상수이다. 식 (3-12)의 반응은 식 (3-11)의 1단계 반응과 마찬가지로 빠르게 평형에 도달하는 가역반응으로 가정할 수 있다. 즉, "$[EI]$는 유사 정상상태에 있다."라는 가정이 성립한다. 또한, 이 시스템에서 3.1절에 열거한 세 가지 가정은 여전히 성립한다. 이 세 가지 가정은 1) 시스템 내의 총 효소 농도가 일정하며, 2) 식 (3-11)의 2단계 반응을 비가역반응으로 가정할 수 있고, 3) $[ES]$는 유사 정상상태에 있다는 것이었음을 기억하자.

이제 주어진 반응 단계와 가정을 이용하여 경쟁적 저해하에서 효소반응 속도를 수학적으로 표현해보자. 우선 시스템 내의 총 효소 농도는 일정하다는 가정에 따라 다음이 성립한다.

$$[E]_{total} = [E] + [ES] + [EI] \tag{3-13}$$

저해제가 없는 상태에서 우리는 다음의 식 (3-3)을 도출한 바 있는데, 이는 식 (3-11)의 2단계 반응이 비가역반응이고 $[ES]$가 유사 정상상태에 있다는 가정을 적용한 것이다.

$$k_1[E][S] = k_{-1}[ES] + k_2[ES] \tag{3-3}$$

경쟁적 저해제의 존재로 추가된 반응식 (3-12)에는 ES가 반응물 또는 생성물로 참여하지 않으므로, 경쟁적 저해제의 존재하에서도 식 (3-3) 및 그것을 변환한 다음 식 (3-14)가 그대로 성립한다.

$$[E] = K_M \frac{[ES]}{[S]} \tag{3-14}$$

여기에 더하여, 경쟁적 저해제에 대하여 세운 새로운 가정($[EI]$는 유사 정상상태에 있다)에 따라 EI의 생성반응과 EI의 제거반응의 속도는 동일해야 한다. 즉, 다음이 성립한다.

$$k_3[E][I] = k_{-3}[EI] \tag{3-15}$$

식 (3-15)를 $[EI]$에 대하여 나타낸 뒤 식 (3-14)를 대입하면,

$$[EI] = \frac{k_3}{k_{-3}}\left(K_M \frac{[ES]}{[S]}\right) \cdot [I] = \frac{K_M}{K_I} \cdot \frac{[ES]}{[S]} \cdot [I] \tag{3-16}$$

이고, 여기서 상수 $K_I = k_{-3}/k_3$이다.

이제 식 (3-14), (3-16)을 식 (3-13)에 대입하면 다음과 같다.

$$[E]_{total} = K_M \frac{[ES]}{[S]} + [ES] + \frac{K_M}{K_I} \cdot \frac{[ES]}{[S]} \cdot [I] \tag{3-17}$$

앞선 논의로부터 우리는 효소반응 속도와 최대 효소반응 속도의 비 v/v_m가 효소-기질 복합체의 농도와 총 효소 농도의 비 $[ES]/[E]_{total}$와 동일하다는 것을 알았다. 따라서 경쟁적 저해제 존재하에서 효소반응 속도는 다음과 같이 표현된다.

$$v = v_m \frac{[ES]}{[E]_{total}} = v_m \frac{[ES]}{K_M \cdot \frac{[ES]}{[S]} + \frac{K_M}{K_I} \cdot \frac{[ES]}{[S]} \cdot [I] + [ES]}$$

$$= v_m \frac{[S]}{\left(1 + \frac{[I]}{K_I}\right) K_M + [S]} \tag{3-18}$$

위 식을 Michaelis-Menten 식과 동일한 형태로 표현하면

$$v = v_m \frac{[S]}{K_M^* + [S]} \tag{3-19}$$

이고, 여기서

$$K_M^* = \left(1 + \frac{[I]}{K_I}\right) K_M \tag{3-20}$$

이다. 즉, 경쟁적 저해제 I의 존재는 반포화 상수를 증가시키는 작용을 하는 반면, 최대 효소반응 속도를 변화시키지는 않는다. 이를 그래프로 도시하면 그림 3-7과 같다.

마지막으로 수학적으로 도출한 결과를 음미해보자. 경쟁적 저해에서는 그 용어가 가리키는 바와 같이, 기질과 저해제가 효소와의 결합 반응에 대해 경쟁한다. 이 상황에서 저해제에 의한 영향은 1) 기질과 저해제의 농도와 2) 기질과 저해제의 효소에 대한 결합 반응 속도의 함수임을 예상할 수 있다. 기질의 농도가 충분히 높거나 저해제의 농도가 충분히 낮으면 기질이 경쟁에서 압도적인 우위에 있으므로 저해제의 영향은 무시할 만할 것이며, 기질의 효소에 대한 친화력이 충분히 크거나 저해제의 효소 친화력이 충분히 작으면 역시 기질이 경쟁에서 압도적인 우위에 있으므로 저해제의 영향을 무시할 수 있을 것이다. 반면, 이와 같은 조건이 성립하지 않으면 저해제는 기질의 효소반응에 유의한 영향을 미칠 것이다. 식 (3-18)을 통해서 우리는 반포화 상수가 증가하는 정도, 즉 경쟁적 저해가 미치는 영향은 I의 농도에 따라 증가하며, $[I]$가 유한하고 $[S] \to \infty$ 인 조건과 $[S]$가 0이 아닌 값을 갖고 $[I] \to 0$ 인 조건 모두 경쟁적 저해제의 영향을 무시할 수 있다는 것을 확인할 수 있다. 효소-기질

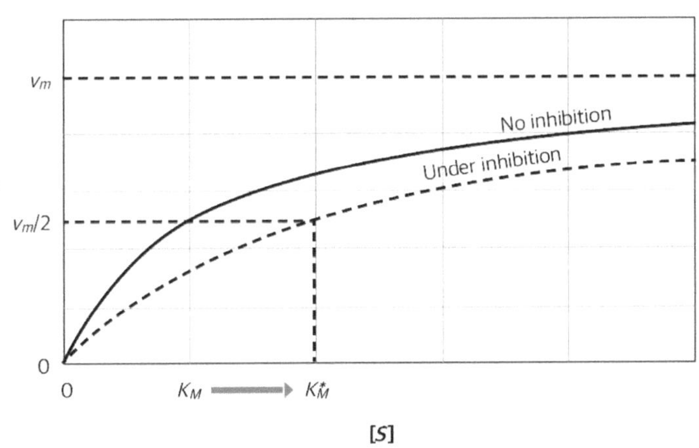

[그림 3-7]
경쟁적 저해로 인한 효소반응 속도 변화

결합반응(또는 효소–저해제 결합반응)의 정반응과 역반응의 속도상수 비가 클수록 기질(또는 저해제)이 효소에 결합하려는 성질, 즉 효소에 대한 친화력이 강함을 나타낸다. 효소–기질 결합반응의 경우 이 비는 k_1/k_{-1}이며, 이 비율이 클수록 $K_M[=(k_{-1}+k_2)/k_1]$은 작아진다. 효소–저해제 결합반응의 속도상수 비는 k_3/k_{-3}이며, $K_I(=k_{-3}/k_3)$는 이 비율의 역수에 정비례한다. 식 (3-20)을 통해 K_I가 0이 아닌 값을 갖고 $K_M \to 0$인 조건, 즉 기질의 효소에 대한 친화력이 극단적으로 강한 조건에서는 경쟁적 저해제의 영향이 유의하지 않음을 확인할 수 있다. K_M이 유한한 값을 갖고 $K_I \to \infty$인 조건, 즉 저해제의 효소에 대한 친화력이 극단적으로 약한 조건에서 또한 경쟁적 저해제의 영향은 무시할 수 있음을 확인할 수 있다. 이러한 고찰을 통해 우리는 경쟁적 저해제에 대해 도출한 효소반응의 수학적 모델이 물리적 타당성을 지님을 유추할 수 있다.

반경쟁적 저해

반경쟁적 저해는 저해제가 효소–기질 복합체(ES)에 결합하여 효소–기질–저해제 복합체(ESI)를 형성하고(그림 3-6c), 이로 인해 효소–기질 복합체가 자유 효소와 생성물로 분리되지 못함으로써 일어난다. 효소–기질–저해제 복합체가 원래의 효소반응을 수행하기 위해서는 저해제가 분리되어 효소–기질 복합체의 형태를 회복해야만 한다. 이와 같은 반경쟁적 저해의 개념적 원리는 다음의 반응식으로 표현 가능하다.

$$ES + I \underset{k_{-4}}{\overset{k_4}{\rightleftharpoons}} ESI \tag{3-21}$$

식 (3-11)의 반응식 표현은 여전히 유효하다.

식 (3-21)은 ES가 관여하는 반응이다. 따라서 $[ES]$가 유사 정상상태에 있음을 이용하여 도출한 식 (3-3)을 바로 이용할 수 없다. [ES 생성반응의 속도]=[ES 제거반응의 속도]임을 이용하여 새롭게 식을 도출하면 다음과 같다.

$$k_1[E][S] + k_{-4}[ESI] = k_{-1}[ES] + k_2[ES] + k_4[ES][I] \tag{3-22}$$

지금까지 적용했던 방식에 따라 $[ESI]$가 유사 정상상태에 있다는 가정을 세울 수 있으며, 이를 근거로 다음이 성립한다.

$$k_4[ES][I] = k_{-4}[ESI] \tag{3-23}$$

식 (3-23)을 $[ESI]$에 대한 식으로 변형하여 다음을 얻는다.

$$[ESI] = \frac{k_4}{k_{-4}}[ES][I] = \frac{1}{K_I'}[ES][I] \tag{3-24}$$

여기서 $K_I' = k_{-4}/k_4$이다. 한편, 식 (3-23)에 따라 식 (3-22)는 식 (3-3)과 동일하다는 것을 알 수 있으며, 따라서 식 (3-14)도 그대로 유효하다. 편의를 위해 (3-3)과 (3-14) 두 식을 다시 제시한다.

$$k_1[E][S] = k_{-1}[ES] + k_2[ES] \tag{3-3}$$

$$[E] = K_M\frac{[ES]}{[S]} \tag{3-14}$$

시스템 내의 총 효소 농도가 일정하다는 가정에 따라 효소의 물질수지식은 다음과 같이 적는다.

$$[E]_{total} = [E] + [ES] + [ESI] \tag{3-25}$$

이제 식 (3-25)에 식 (3-24), (3-14)를 대입하고 정리하면 다음과 같다.

$$[E]_{total} = K_M\frac{[ES]}{[S]} + [ES] + \frac{1}{K_I'}[ES][I] \tag{3-26}$$

결과적으로 반경쟁적 저해제가 존재할 때 효소반응 속도는 다음과 같이 나타난다.

$$v = v_m \frac{[ES]}{[E]_{total}} = v_m \frac{[ES]}{K_M \frac{[ES]}{[S]} + \frac{1}{K_I'}[ES][I] + [ES]}$$

$$= v_m \frac{[S]}{K_M + \left(1 + \frac{[I]}{K_I'}\right)[S]} = v_m \left(1 + \frac{[I]}{K_I'}\right)^{-1} \frac{[S]}{\left(1 + \frac{[I]}{K_I'}\right)^{-1} K_M + [S]} \quad (3\text{-}27)$$

위 식을 Michaelis-Menten 식과 동일한 형태로 표현하면

$$v = v_m{}^* \frac{[S]}{K_M{}^* + [S]} \quad (3\text{-}28)$$

이고, 여기서

$$v_m{}^* = \left(1 + \frac{[I]}{K_I'}\right)^{-1} v_m \quad (3\text{-}29)$$

$$K_M{}^* = \left(1 + \frac{[I]}{K_I'}\right)^{-1} K_M \quad (3\text{-}30)$$

이다. 즉, 반경쟁적 저해제 I의 존재는 최대 효소반응 속도와 반포화 상수를 모두 감소시키며, 그 감소율은 동일하다. 이를 그래프로 도시하면 그림 3-8과 같다.

반경쟁적 저해 조건에 대해 도출한 수학적 표현을 음미하는 작업은 이제 독자에게 맡긴

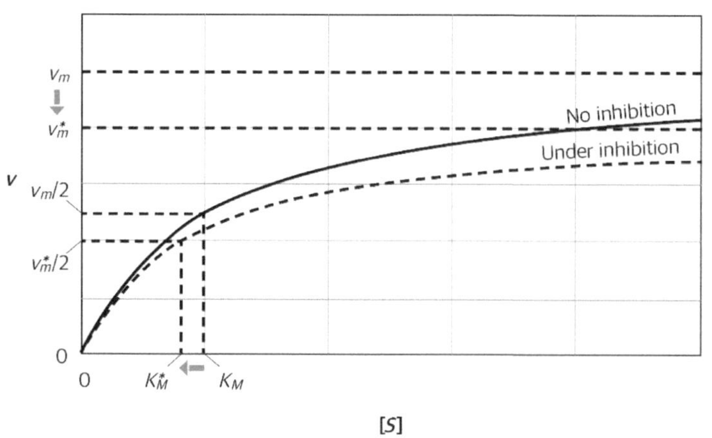

[그림 3-8]
반경쟁적 저해로 인한
효소반응 속도 변화

다. 무경쟁적 저해에 대해서도 그러하다.

무경쟁적 저해

무경쟁적 저해는 저해제가 효소에 결합하여 일어나는 효소의 구조적 변화로 효소에서 기질이 결합하는 부위에 변형이 일어남으로써 효소가 본래의 기능을 하지 못하게 되는 현상이다. 여기서 저해제는 효소-기질 결합부가 아닌 효소의 다른 부위에 결합하며(그림 3-6d), 자유 효소에 결합할 수도, 효소-기질 결합체에 결합할 수도 있다. 무경쟁적 저해제가 자유 효소에 결합하여 형성된 효소-저해제 복합체(EI)에는 기질이 결합할 수 없으며, 무경쟁적 저해제가 효소-기질 복합체에 결합하여 형성된 효소-기질-저해제 복합체(ESI)는 기질을 생성물로 변환할 수 없다. 이와 같은 현상은 다음의 반응식으로 표현 가능하다.

$$E + I \underset{k_{-3}}{\overset{k_3}{\rightleftharpoons}} EI \tag{3-12}$$

$$ES + I \underset{k_{-4}}{\overset{k_4}{\rightleftharpoons}} ESI \tag{3-21}$$

놀랍게도, 단순화된 반응식 표현에서 무경쟁적 저해 조건은 마치 경쟁적 저해와 반경쟁적 저해가 동시에 일어나는 것처럼 나타난다.

앞서와 동일한 논리로 $[EI]$와 $[ESI]$가 모두 유사 정상상태에 있다는 가정을 세운다. 이로써 무경쟁적 저해 조건의 반응식과 가정 모두 경쟁적 저해와 반경쟁적 저해가 동시에 일어나는 상황과 동일하게 수립되었다. 따라서, 무경쟁적 저해 조건에서는 경쟁적 저해 조건과 반경쟁적 저해 조건에서 도출했던 다음 두 식이 모두 유효하다.

$$[EI] = \frac{K_M}{K_I} \cdot \frac{[ES]}{[S]} \cdot [I] \tag{3-16}$$

$$[ESI] = \frac{1}{K_I'}[ES][I] \tag{3-24}$$

효소의 물질수지식은 다음과 같다.

$$[E]_{total} = [E] + [ES] + [EI] + [ESI] \tag{3-31}$$

한편, 경쟁적 저해 조건과 반경쟁적 저해 조건 모두 식 (3-3)이 성립하는 조건이므로 무경쟁적 저해 조건에서도 이는 성립한다. 이제 준비된 식과 $v = v_m[ES]/[E]_{total}$임을 이용하여 무경쟁적 저해 조건에서의 효소반응 속도를 수학적으로 나타내면 다음과 같다.

$$v = v_m \frac{[ES]}{K_M \frac{[ES]}{[S]} + \frac{K_M}{K_I}\frac{[ES]}{[S]}[I] + \frac{1}{K_I'}[ES][I] + [ES]} \tag{3-32}$$

많은 경우에 K_I와 K_I'는 동일하다고 가정할 수 있다. 이는 본질적으로 무경쟁적 저해제의 결합이 기질과 효소의 결합을 저해하지만, 기질과 효소의 결합은 무경쟁적 저해제와 효소의 결합에 영향을 미치지 않는다는 가정이다. 이 가정을 전제로 최종적으로 다음의 식을 얻을 수 있다.

$$v = v_m^* \frac{[S]}{K_M + [S]} \tag{3-33}$$

여기서

$$v_m^* = \left(1 + \frac{[I]}{K_I}\right)^{-1} \tag{3-34}$$

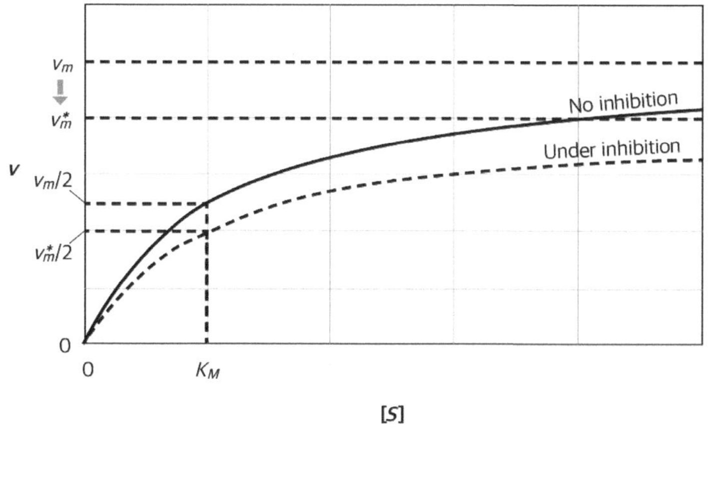

**[그림 3-9]
무경쟁적 저해로 인한
효소반응 속도 변화**

이다. 즉, 무경쟁적 저해의 영향으로 최대 효소반응 속도가 감소하며, 반포화 상수는 변화하지 않는다($K_I = K_I'$를 가정함에 유의). 이를 그래프로 도시하면 그림 3-9와 같이 나타난다.

3.3 보조인자와 아데노신인산

3.3.1 보조인자

일부 효소들은 촉매로서 기능하기 위해 다른 물질을 필요로 하는데 이를 보조인자(cofactor)라 한다. 보조인자는 크게 유기물질과 무기물질로 나뉘며 이 중 유기물질을 조효소(coenzyme)라 한다. 무기물질 보조인자로는 주로 아연(Zn), 마그네슘(Mg), 망간(Mn), 철(Fe), 구리(Cu), 니켈(Ni), 코발트(Co), 칼륨(K), 나트륨(Na) 등 금속의 이온이 사용된다.

생화학에서 중요하게 다루는 조효소로는 조효소 A(coenzyme A), nicotinamide adenine dinucleotide(NAD), nicotinamide adenine dinucleotide phosphate(NADP), 플라빈단백질(flavoprotein) 등이 있다. 조효소 A는 지방산의 합성과 산화, 생물 물질대사의 중요한 중간체로 작용하는 피루브산(pyruvic acid, 이온화된 형태는 pyruvate로 지칭)의 산화에 관여한다. 현재까지 유전자 염기서열이 밝혀진 모든 생물체에서 조효소 A를 사용하는 것으로 알려져 있다. NAD, NADP, 플라빈단백질은 세포 내에서 발생하는 다양한 산화-환원반응에 관여한다. 플라빈단백질에는 flavin adenine dinucleotide(FAD)와 flavin mononucleotide(FMN)가 있다. 표 3-1에 나타난 바와 같이 NAD, NADP, FAD, FMN은 산화된(즉 양성자가 유리된) 형태와 환원된(즉 양성자가 결합된) 형태 간의 전환을 통해 한 반응에서 발생한 전자와 수소를 다른 반응으로 전달한다.

[표 3-1] NAD, NADP, FAD, FMN의 전자 및 수소 교환반응

조효소	산화 형태				환원 형태
NAD:	NAD^+	+	$2e^- + H^+$	=	NADH
NADP:	$NADP^+$	+	$2e^- + H^+$	=	NADPH
FAD:	FAD	+	$2e^- + 2H^+$	=	$FADH_2$
FMN:	FMN	+	$2e^- + 2H^+$	=	$FMNH_2$

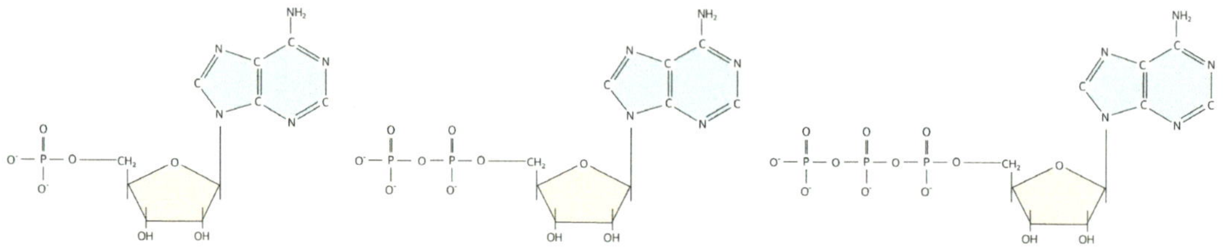

[그림 3-10] AMP, ADP, ATP의 화학적 구조

3.3.2 아데노신인산

아데노신일인산(adenosine monophosphate, AMP), 아데노신이인산(adenosine diphosphate, ADP), 아데노신삼인산(adenosine triphosphate, ATP)은 세포의 에너지 흐름에서 매우 중요한 역할을 하는 물질이다. 이들 물질은 퓨린(purine) 염기인 아데닌(adenine), 오탄당인 리보스(ribose), 그리고 1개, 2개, 또는 3개의 인산으로 구성되어 있는 뉴클레오티드(nucleotide)이다. AMP는 RNA를 구성하는 뉴클레오티드 중 아데닌을 염기로 하는 것이다. ADP와 ATP는 각각 AMP와 ADP에 하나의 무기인산(Pi)이 추가적으로 결합되어 있는 구조이다(그림 3-10).

ATP와 ADP에 존재하는 인산 결합은 결합에너지가 상당히 높다(표준상태에서 28~34 kJ/mol). 이 결합의 형성을 통해 세포가 생화학반응에서 생성되는 에너지를 저장하며, 이 결합의 분리를 통해 세포가 활동하거나 다른 고에너지 물질을 합성하는 데 필요한 에너지를 발생시킬 수 있다.

3.4 지방산 및 포도당의 산화와 시트르산 회로

지방과 탄수화물 각각의 주요 가수분해 산물인 지방산과 포도당의 산화는 생물의 물질대사 과정에서 매우 핵심적인 부분이다. 이 절에서는 미생물 물질대사 생화학의 기초를 익히는 차원에서 이 두 물질의 산화(분해) 과정과 그에 관여하는 효소, 조효소, 아데노신인산의 역할을 간략하게 살펴본다. 지방산, 포도당 산화의 보다 구체적인 내용 및 다른 다양한 물질의 산화과정, 생물의 유기물질 합성과정은 여러 관련 서적과 참고문헌에 잘 기술되어 있다.

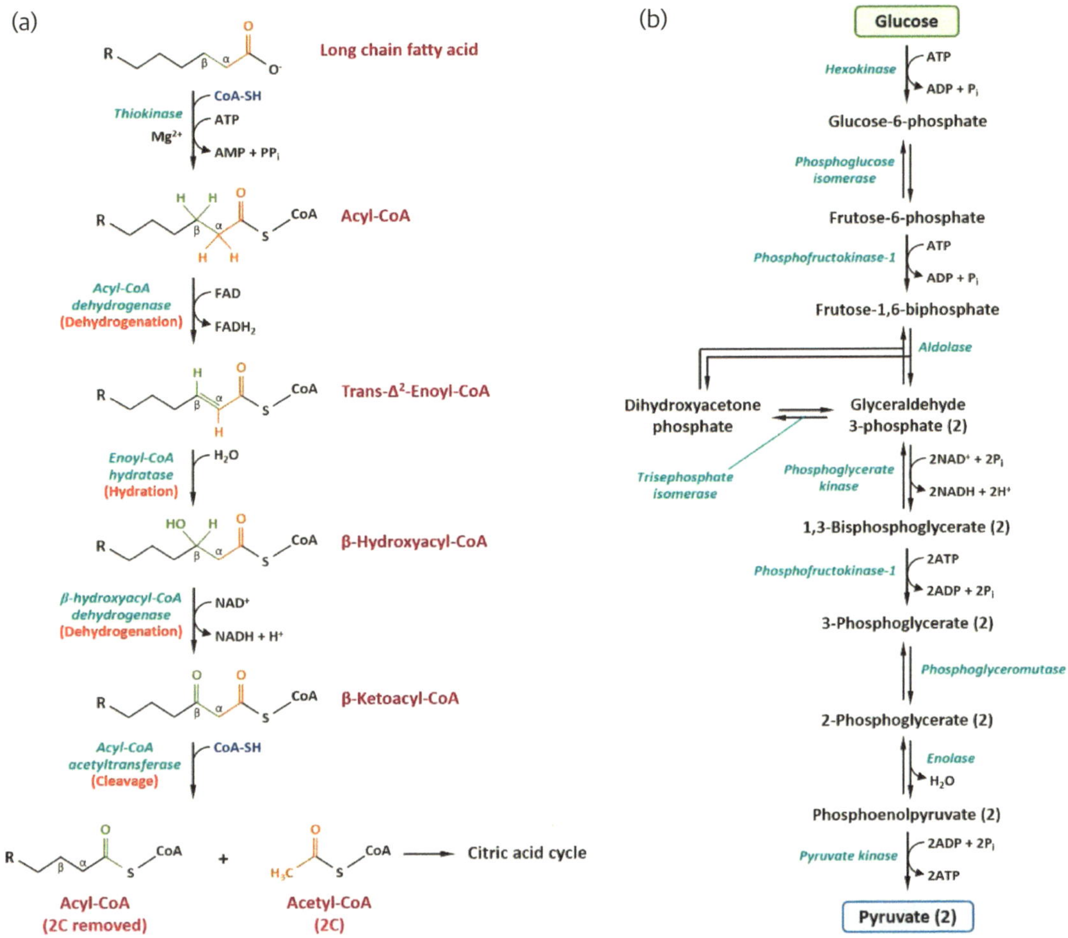

[그림 3-11] 긴 사슬의 지방산(Long Chain Fatty Acid)과 포도당(Glucose)의 분해 과정
(a) 지방산의 베타산화, (b) 해당 과정.

지방산은 베타산화(β-oxidation) 과정을 통해 탄소 2개로 이루어진 원자단에 조효소 A가 결합된 acetyl-CoA로 쪼개진다(그림 3-11a). 이 과정을 순차적으로 간략히 기술하면 다음과 같다. 지방의 가수분해를 통해 생성된 긴 사슬의 지방산은 조효소 A(자유 상태의 조효소 A는 -SH 작용기를 보유하고 있으므로 CoA-SH라 표기하기도 함)와 치환 반응을 통해 acyl-CoA를 생성한다. 이 흡열 반응의 에너지는 ATP의 가수분해로부터 얻는다. 이 acyl-CoA는 그림 3-11에 나타난 순차적인 반응을 통해 탄화수소 사슬의 탄소 개수가 2개 줄어든 acyl-CoA와 acetyl-CoA를 생성한다. 이 과정의 총괄반응식은 다음과 같다.

$$C_n\text{-acyl-CoA} + FAD + NAD^+ + H_2O + \text{CoA-SH}$$
$$\rightarrow C_{n-2}\text{-acyl-CoA} + FADH_2 + NADH + H^+ + \text{acetyl-CoA} \quad (3\text{-}35)$$

총괄반응식을 통해 이 과정에서 지방산의 탄소 2개당 산화된 형태의 FAD 1개와 NAD 1개가 각각 환원된 형태로 변환되고, 따라서 세포가 환원력을 얻는 것을 확인할 수 있다.

포도당 분자 1개는 그림 3-11b와 같은 순차적인 반응을 통해 pyruvate 이온 2개를 생성하는데, 이를 해당과정(glycolysis)이라 한다. 이 과정의 총괄반응식은 다음과 같다.

$$\text{Glucose} + 2NAD^+ + 2ADP + 2P_i$$
$$\rightarrow 2\text{Pyruvate} + 2NADH + 2ATP + 2H^+ \quad (3\text{-}36)$$

총괄반응식으로부터 해당과정에서 세포가 ATP를 충전하고 환원력을 얻는 것을 확인할 수 있다. 탄소를 3개 보유한 해당과정의 생성물 pyruvate는 조효소 A(CoA-SH)와 반응하면서 산화되어 pyruvate 1개당 1개의 acetyl-CoA와 이산화탄소를 생성하고, NAD^+ 1개를 NADH로 환원시킨다(그림 3-12).

시트르산 회로(citric acid cycle 또는 tricarboxylic acid cycle, TCA cycle, Krebs cycle이라 불림)는 발효가 아닌 호흡을 통해 에너지를 얻는 모든 세포가 수행하는 대사과정이다. 지방산과 포도당의 분해로 생성된 acetyl-CoA는 시트르산 회로에 유입되어 그림 3-12에 나타난 순차적인 효소반응을 통해 이산화탄소로 산화되면서 환원력을 발생시킨다. 이 반응의 총괄반응식은 다음과 같다.

$$\text{acetyl-CoA} + 3NAD^+ + FAD + GDP + P_i + 2H_2O$$
$$\rightarrow \text{CoA-SH} + 3NADH + FADH_2 + 3H^+ + GTP + 2CO_2 \quad (3\text{-}37)$$

식 (3-37)에서 GDP는 구아노신이인산(guanosine diphosphate), GTP는 구아노신삼인산(guanosine triphosphate)을 뜻하며, 시트르산 회로를 통해 생성된 GTP는 ADP와 다음의 치환 반응을 일으켜 세포 내에 ATP를 충전시킨다.

$$ADP + GTP \rightarrow ATP + GDP \quad (3\text{-}38)$$

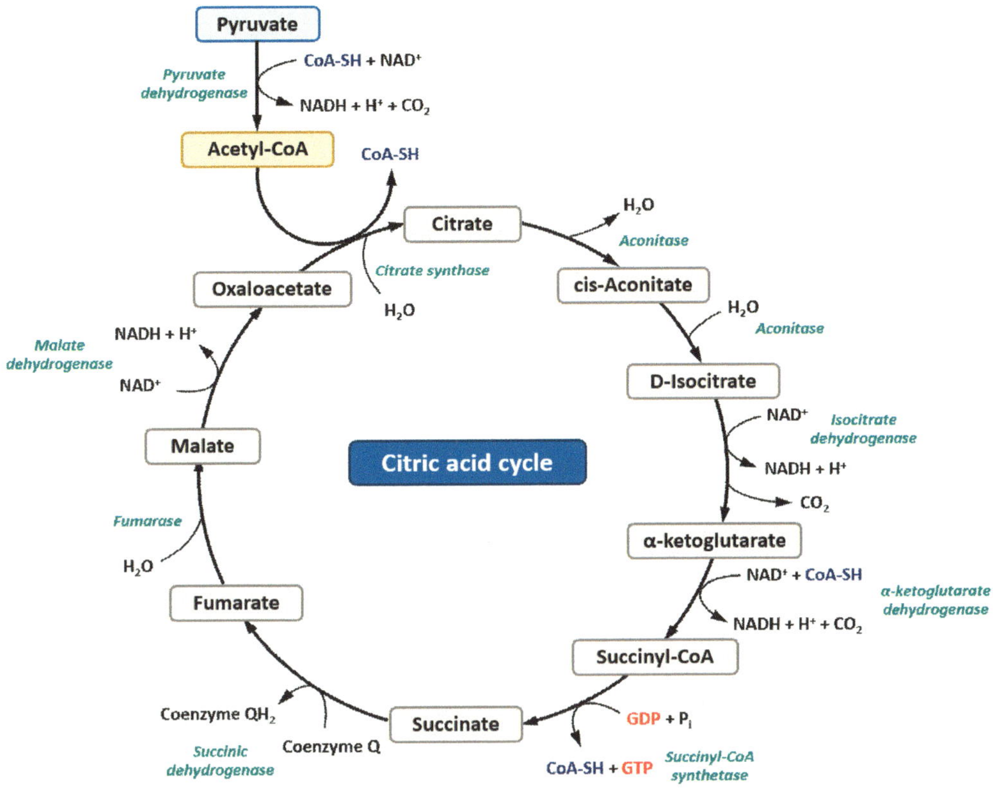

[그림 3-12] Pyruvate의 산화와 시트르산 회로(citric acid cycle)

고분자 유기물질의 분해산물이 시트르산 회로에 유입되는 경로는 acetyl-CoA를 통한 것에만 한정되지 않는다. 예를 들어, pyruvate는 acetyl-CoA의 형성을 통한 경로 외에도 pyruvate carboxylase라는 효소에 의해 중탄산 이온(HCO_3^-)과 결합하여 시트르산 회로의 중간대사 물질 중 하나인 oxaloacetate의 형태로 시트르산 회로에 공급되기도 한다. 단백질의 가수분해 산물인 아미노산은 물질에 따라 acetyl-CoA, α-ketoglutarate, succinyl-CoA, succinate, oxaloacetate 등 다양한 형태로 시트르산 회로에 유입된다.

4 생화학반응의 화학양론

4.1 화학양론

화학양론은 화학반응과 관련된 물질(주로 반응물과 생성물)의 양적인 관계를 파악하는 화학의 한 분야이자 접근법이다. 화학양론을 적용한다는 것은 간단히 말해서 어떤 화학반응에서 반응물과 생성물의 몰 비율을 맞추는 것, 더 쉽게는 화학반응식의 계수를 맞추는 것을 의미한다. 화학양론은 매우 기본적인 물질 보존 개념에 기초한다. 즉, 화학반응에서 원자는 쪼개지거나 생성되지 않으며, 따라서 반응에 관여하는 각 원소에 대하여 모든 반응물의 원자 수의 합은 모든 생성물의 원자 수의 합과 동일하다는 사실이 화학양론의 근간을 이룬다. 우리가 이 장에서 중점적으로 다룰 산화–환원 반응에서는 물질 보존을 적용해야 할 대상에 원자 외에도 전자가 포함된다. 산화–환원 반응에서 전자는 사라지거나 생겨나지 않으며, 따라서 어떤 원자가 반응을 통해 특정한 수의 전자를 잃었다면 분명히 다른 원자가(또는 원자들이) 그 수만큼의 전자를 얻어야 한다. 사실 대부분의 화학반응에서 전자의 보존은 원자의 보존과 함께 항상 성립해야 하는 원칙이며, 다만 여기서 산화–환원 반응의 전자 보존만을 언급한 것은 산화–환원 반응에서만 전자의 원자 간 전달이 발생하기 때문이다.

그렇다면 우리는 여기에서 왜 화학양론을 배우는가? 다시 말해, 환경공학의 생물학적 처리공정에서 화학양론은 어떻게 활용될 수 있는가? 한 사례를 통해 이것을 살펴보도록 하자. 글루코스를 기질로 하는 에탄올 발효 반응에서 에탄올의 탄소가 보유한 전자의 22%가 세포 합성 반응에 쓰인다고 가정하면 전체 반응식은 다음과 같이 나타난다. (이 장 중반쯤에 오면 여러분은 이 정보만으로 아래의 전체 반응식을 직접 작성할 수 있게 될 것이다.)

$$0.0417\,C_6H_{12}O_6 + 0.011\,NH_4^+ + 0.011\,HCO_3^- \rightarrow$$
$$0.011\,C_5H_7O_2N + 0.065\,C_2H_5OH + 0.076\,CO_2 + 0.044\,H_2O \quad (4\text{-}1)$$

위 반응식의 생성물 중 하나로 제시된 $C_5H_7O_2N$는 박테리아 세포를 화학식으로 표현한 것이다(2.1.3절 참조). 우리는 이 반응식을 통해 글루코스 투입량 1몰(또는 1g)당 1) 얼마나 많은 에탄올을 얻을 수 있는지, 2) 얼마나 많은 암모니아성 질소(NH_4-N)가 소모되는지, 3) 얼마나 많은 미생물 바이오매스가 생성되는지, 4) 얼마나 많은 알칼리도(즉, 중탄산 이온)가 소모되는지를 모두 알 수 있다. 즉, 우리는 화학양론을 통해 반응조에서 일어나는 현상에 대해 자세히 파악할 수 있을 뿐만 아니라, 화학양론으로 얻은 정보를 활용하여 반응조를 설계하거나 원하는 반응이 유지될 수 있도록 필요한 기질과 영양분, 환경을 조성할 수 있다.

[예제 4-1] 식 (4-1)의 반응물과 생성물의 탄소 몰수가 일치하는지 검토하시오.

▸ 풀이

반응물의 탄소 총몰수는

$$0.0417 \times 6 + 0.011 \times 1 = 0.2612$$

생성물의 탄소 총몰수는

$$0.011 \times 5 + 0.065 \times 2 + 0.076 = 0.261$$

두 값의 상대적인 차이는

$$(0.2612 - 0.261)/0.261 \times 100 = 0.077\%$$

즉, 반응물과 생성물의 탄소 총몰수는 0.1%의 작은 오차범위 내에서 일치한다. 이 차이는 계수의 반올림으로 인해 발생한 것이다.

[예제 4-2] 식 (4-1)의 생화학 반응에서 글루코스 100g당 소모되는 알칼리도*를 계산하시오.

* 산으로 적정 가능한 모든 염기의 합으로, 수용액이 산을 중화할 수 있는 능력의 척도가 된다. 지구상에 있는 대부분의 물 시료에서 알칼리도는 $[HCO_3^-]+2[CO_3^{2-}]+[OH^-]-[H^+]$로 나타낼 수 있다. 이때 대괄호([ ])는 몰농도를 나타내며 구해진 알칼리도의 단위는 $eq \cdot L^{-1}$이다. 환경공학자들은 알칼리도의 단위로 $eq \cdot L^{-1}$보다 $mg \cdot L^{-1}$ as $CaCO_3$를 선호한다. $1\ eq \cdot L^{-1} = 50 \times 10^3\ mg \cdot L^{-1}$as $CaCO_3$이다.

▸ 풀이

식 (4-1)을 통해 글루코스 0.0417몰이 산화될 때 0.011eq의 알칼리도가 소모됨을 알 수 있다. 글루코스의 분자량은 180.2이므로,

$$\frac{0.011eq \times 100}{180.2g/mol \times 0.0417mol \times 100} = 0.146eq/100g = 7320g\ \ as\ \ CaCO_3/100g$$

4.2 생화학반응과 산화수

4.2.1 생화학반응

생화학반응은 크게 여섯 가지로 구분할 수 있다. 1) 원자단 전달 반응(group transfer reaction)은 작용기 등 분자 내의 원자단이 한 분자에서 다른 분자로 전달되는 것이다. 이 반응이 일어나는 대표적인 사례는 α-아미노산의 생성 반응이다. 2) 수소화 반응(hydrogenation reaction)은 수소 분자(H_2)가 탄소-탄소 이중결합에 반응하여 이를 단일결합으로 변환하는 것으로, 이 반응으로 불포화 지방산이 포화 지방산으로 변환될 수 있다. 3) 이성질화 반응(isomerization reaction)은 이성질체를 가지는 분자가 원자단의 재배열을 통해 한 이성질체 종에서 다른 이성질체 종으로 변환되는 것으로, glucose 6-phosphate가 fructose 6-phosphate로 변환되는 것이 이 반응의 좋은 예이다. 4) 결찰 반응(ligation reaction)은 ATP의 에너지를 사용하여 두 분자를 하나의 분자로 묶는 반응으로 DNA를 형성하기 위한 뉴클레오티드 간의 결합 반응이나 단백질을 형성하기 위한 아미노산의 결합 반응이 이에 속한다. 5) 가수분해 반응(hydrolysis reaction)과 탈수 반응(dehydration reaction)은 물 분자

가 관여하는 반응이다. 가수분해 반응은 물 분자와의 반응으로 원자 간 결합이 끊어져 모분자가 2개의 분자로 쪼개지는 반응으로, 이당류를 쪼개어 단당류를 생성하는 반응 등 많은 종류의 소화 반응이 이에 속한다. 탈수 반응은 가수분해 반응의 반대 방향으로 발생한다. 즉, 탈수 반응에서는 두 분자가 결합하여 한 분자를 생성하고, 부산물로 물 분자가 발생한다.

마지막 생화학반응으로 6) 산화–환원 반응(oxidation-reduction reaction 또는 redox reaction)이 있는데, 이것은 이 장뿐만 아니라 이 책 전체에 걸쳐서 가장 중점적으로 다루는 생물학적 반응의 형태이다. 산화–환원 반응은 반응에 참여하는 물질 사이에 전자의 주고받음이 일어나 그 결과로 어떤 물질은 전자를 얻고 어떤 물질은 전자를 잃게 되는 반응이다. 전자를 받은 물질은 환원되었다(reduced)고 하고, 전자를 준 물질은 산화되었다(oxidized)고 한다. 4.1절에서 설명하였듯이 어떤 반응에서 전자는 사라지거나 생겨나지 않으므로 전자를 받은 물질, 즉 환원된 물질이 존재하면 반드시 전자를 준 물질, 즉 산화된 물질도 존재해야 한다. 다시 말해서, 산화–환원 반응은 독립적으로(산화 또는 환원 반응 중 어떤 하나만이) 일어날 수 없으며, 반드시 쌍으로(산화와 환원이 동시에) 일어난다. 산화–환원 반응에서 전자를 받는(환원되는) 물질을 전자수용체(electron acceptor)라 하고, 전자를 주는(산화되는) 물질을 전자공여체(electron donor)라 한다.

산화–환원 반응의 또 다른 매우 중요한 특성은 이 반응이 상당한 에너지 준위의 변화를 수반한다는 것이다. 다시 말해 산화–환원 반응의 깁스 자유에너지(Gibbs free energy) 변화는 다른 반응에 비해 상당히 큰 경우가 많다. 이러한 화학 에너지 변화는 생명체가 에너지를 저장하거나 저장된 에너지를 꺼내 활용하는 데 필수적이다. 생명체에서 일어나는 대표적인 산화–환원에는 광합성과 호흡이 있다. 예를 들어, 광합성에 의한 글루코스(glucose, $C_6H_{12}O_6$) 합성 반응은 다음과 같다.

$$6CO_2 + 6H_2O + hv \rightarrow C_6H_{12}O_6 + 6O_2 \tag{4-2}$$

여기서 hv는 태양 에너지를 나타낸다. 이 반응의 표준 깁스 자유에너지 변화량은 글루코스 1몰당 2,880kJ이다. 다시 말해서, 광합성 반응으로 1몰의 글루코스가 생성될 때마다 2,880kJ의 태양 에너지가 저장 가능한 에너지 형태인 화학 에너지로 변환되는 것이다. 이 반대 방향의 반응인 글루코스를 에너지원으로 하는 호흡 반응은 다음과 같다.

$$C_6H_{12}O_6 + 6O_2 \rightarrow 6CO_2 + 6H_2O \tag{4-3}$$

글루코스의 광합성 반응과는 반대로 이 반응에서는 글루코스 1몰당 2,880kJ의 에너지가 방출된다. 즉, 생물은 호흡 반응을 통해 글루코스에 저장되어 보관 중이었던 화학 에너지를 꺼내어 쓸 수 있으며, 이 에너지는 ATP 충전을 통해 다양한 세포 기능을 수행하거나 생장을 위한 물질 합성에 쓰인다.

4.2.2 산화수

산화수(oxidation state, oxidation number)는 어떤 분자나 이온 내에 있는 원자의 산화 정도를 나타내는 지표이다. 산화–환원 반응에서 산화되는(전자를 잃는) 원자란 산화수가 증가하는 원자를 가리키고, 환원되는(전자를 얻는) 원자란 산화수가 감소하는 원자를 가리킨다. 따라서 어떤 반응이 산화–환원 반응인지 여부와 산화 또는 환원이 이루어지는 원자를 확인하기 위해서는 분자나 이온을 구성하는 원자의 산화수를 알 수 있어야 한다.

분자나 이온을 구성하는 각 원자의 산화수를 결정할 때에는 편의상 공유결합을 구성하는 모든 전자를 전기음성도가 큰 원자가 단독으로 보유하고 있다고 가정한다. 예를 들어, 클로로메탄(chloromethane, CH_3Cl)의 탄소–염소 결합은 2개의 전자를 공유하는데, 염소의 전기음성도(3.0)가 탄소의 전기음성도(2.5)보다 높으므로 염소가 2개의 공유전자를 모두 독차지하는 것으로 가정한다. 이 가정에 따라 클로로메탄에 존재하는 염소의 산화수는 -1이 된다. 산화수는 원소가 하전된 정도를 나타내는 지표이다. 즉, 산화수가 양의 값을 가진 원자는 (+), 음의 값을 가진 원자는 (−) 전하를 띤다.

어떤 분자나 이온을 구성하는 각 원자의 산화수를 결정하는 요령은 다음과 같다.

1) 동일한 원소와의 공유결합은 산화수를 가감하지 않는다.
2) 전기음성도가 더 낮은 원소와의 공유결합은 결합 1개당 산화수에 -1을, 전기음성도가 더 높은 원소와의 공유결합은 결합 1개당 산화수에 +1을 한다.
3) 해당 원자가 보유하는 음전하 1개당 -1, 양전하 1개당 +1을 한다.

[예제 4-3] 아세트산 이온(CH_3COO^-)을 구성하는 각 원자의 산화수를 결정하시오.

▸ 풀이

아세트산 이온의 구조는 다음과 같다.

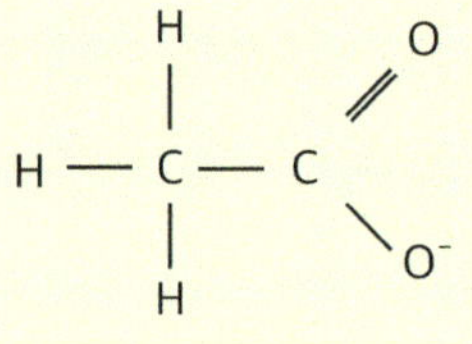

3개의 수소 원자는 모두 탄소와 공유결합 1개를 이루며, 탄소의 전기음성도는 수소보다 높다(탄소 2.5, 수소 2.1). 따라서 수소 원자는 모두 +1의 산화수를 갖는다.

수소 원자들과 결합된 왼쪽의 탄소 원자는 이 3개의 공유결합 외에 오른쪽 탄소 원자와도 공유결합을 이룬다. 따라서 왼쪽 탄소 원자의 산화수는 $(-1) \times 3 + 0 = -3$이다.

오른쪽 탄소 원자는 왼쪽 탄소 원자와 1개의 공유결합을 하며, 산소 원자 1개와는 이중결합을, 다른 산소 원자 1개와는 단일결합을 이뤄 산소 원자와 총 3개의 결합을 하고 있다. 산소의 전기음성도는 탄소보다 높다(산소 3.5, 탄소 2.5). 따라서 오른쪽 탄소 원자의 산화수는 $0 + (+1) \times 3 = +3$이다.

위쪽의 산소 원자는 전기음성도가 보다 낮은 탄소와 공유결합 2개를 이루고 있으므로 산화수는 $(-1) \times 2 = -2$이다. 아래쪽의 산소 원자는 탄소와 공유결합 1개를 이루고 있고, 자체적으로 음전하 1개를 보유하고 있으므로 산화수가 $(-1) + (-1) = -2$이다.

아래 그림에 모든 원자의 산화수를 표기하였다.

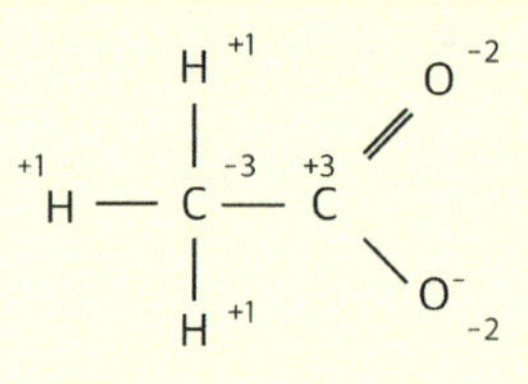

종합하면, 아세트산에 있는 모든 수소의 산화수는 +1, 모든 산소의 산화수는 −2이며, 탄소의 평균 산화수는 0이나, 2개의 탄소는 서로 다른 산화수를 지닌다.

어떤 분자나 이온을 구성하는 개별 원자의 산화수가 아닌 각 구성 원소의 평균 산화수 정보만으로도 그 물질의 산화-환원 특성과 반응에서의 전자 이동을 파악하기에 충분한 경우가 많다. 예를 들어, 예제 4-3의 아세트산 이온의 탄소 평균 산화수(0)가 에탄올의 탄소 평균 산화수(-2)보다 높은 것으로부터 아세트산 이온이 에탄올보다 더 산화된 물질임을 확인할 수 있다. 이렇게 구성 원소의 평균 산화수를 쉽게 파악하는 데에는 다음의 규칙이 유용하다.

1) 같은 원소로 이루어진 화합물의 경우 그 원소의 산화수는 모두 0이다. 예를 들어, Ar, Cl_2, O_3에서 Ar, Cl, O 각각의 산화수는 모두 0이다.
2) 중성 분자에 존재하는 모든 원자의 산화수를 합하면 0이 되며, 이온에 존재하는 모든 원자의 산화수를 합하면 그 이온의 이온가가 된다.
3) 대부분의 다원소 화합물에서 산소의 산화수는 -2이다. 예외로는 과산화물(peroxide)과 OF_2가 있다.
4) 대부분의 다원소 화합물에서 수소의 산화수는 +1이다. 예외로는 금속의 수소화물(metal hydride)이 있다.
5) 다원소 화합물에서 알칼리 금속과 알칼리 토금속의 산화수는 각각 +1, +2이다.

[예제 4-4] 원소의 평균 산화수를 간편하게 구하는 규칙을 활용하여 아세트산 이온(CH_3COO^-)을 구성하는 각 원소의 평균 산화수를 결정하시오.

▸ 풀이

아세트산 이온은 위 3), 4)에서 제시하는 예외에 속하지 않으므로 모든 산소의 산화수는 -2, 모든 수소의 산화수는 +1이며, 이는 당연히 각 원소의 평균 산화수와도 같다. 아세트산 이온에는 3개의 수소, 2개의 산소 원자가 존재하며, 이온가는 -1이다. 탄소의 평균 산화수를 C라 하면

$$2C + (+1) \times 3 + (-2) \times 2 = -1$$

이 성립하며, 이로부터 탄소의 평균 산화수는 0임을 알 수 있다.

4.3 산화–환원 반쪽반응의 화학양론

산화–환원 반응은 실제에서는 쌍으로 일어나지만, 산화되는 물질과 환원되는 물질 중 하나에 대해서만 독립적으로 반응을 표현하면 매우 유용하다. 이렇게 표현된 반응의 형태를 반쪽반응(half reaction)이라 하며, 보통은 전자를 얻는 방향, 즉 환원되는 방향으로 표현된다. 반쪽반응 2개를 결합하면 온전한 산화–환원 반응을 작성할 수 있다. 표 4-1과 표 4-2에 각각 대표적인 무기물질과 유기물질의 반쪽반응식을 제시하였다. 이 표들에 수록된 총 34개의 반쪽반응식으로 매우 많은 수의 산화–환원 반응에 대해 화학양론을 완성할 수 있다. 2001년 Rittmann과 McCarty는 화학양론에 입각한 산화–환원 반응 반쪽반응식을 작성하는 요령을 제시하였는데, 그 과정은 다음과 같다.

1) 반응식의 왼쪽에 산화된 물질을, 오른쪽에 환원된 물질을 적는다.
2) 반응에 참여하는 다른 물질들을 반응식에 추가한다.
3) 산소와 수소를 제외한 모든 원소의 숫자를 맞춘다.
4) 물(H_2O)을 이용해 산소 숫자를 맞춘다.
5) 수소 이온(H^+)을 이용해 수소 숫자를 맞춘다.
6) 전자(e^-)를 이용해 전하를 맞춘다.
7) 균형이 맞은 반응식을 전자 당량 기준(e^--equivalent)으로 변환한다.

[표 4-1] 대표적인 무기물질의 산화-환원 반응 반쪽반응식과 pH 7 조건에서의 표준 깁스 자유에너지 변화 ($\Delta G_r^{0'}$)

일련 번호	환원된 형태-산화된 형태	반쪽반응식			$\Delta G_r^{0'}$ (kJ/e$^-$-eq)
I-1	Ammonium-Nitrate	$\frac{1}{8}NO_3^- + \frac{5}{4}H^+ + e^-$	=	$\frac{1}{8}NH_4^+ + \frac{3}{8}H_2O$	− 35.11
I-2	Ammonium-Nitrite	$\frac{1}{6}NO_2^- + \frac{4}{3}H^+ + e^-$	=	$\frac{1}{6}NH_4^+ + \frac{1}{3}H_2O$	− 32.93
I-3	Ammonium-Nitrogen	$\frac{1}{6}N_2 + \frac{4}{3}H^+ + e^-$	=	$\frac{1}{3}NH_4^+$	26.70
I-4	Ferrous-Ferric	$Fe^{3+} + e^-$	=	Fe^{2+}	− 74.27
I-5	Hydrogen-H^+	$H^+ + e^-$	=	$\frac{1}{2}H_2$	39.87
I-6	Nitrite-Nitrate	$\frac{1}{2}NO_3^- + H^+ + e^-$	=	$\frac{1}{2}NO_2^- + \frac{1}{2}H_2O$	− 41.65
I-7	Nitrogen-Nitrate	$\frac{1}{5}NO_3^- + \frac{6}{5}H^+ + e^-$	=	$\frac{1}{10}N_2 + \frac{3}{5}H_2O$	− 72.20
I-8	Nitrogen-Nitrite	$\frac{1}{3}NO_2^- + \frac{4}{3}H^+ + e^-$	=	$\frac{1}{6}N_2 + \frac{2}{3}H_2O$	− 92.56
I-9	Sulfide-Sulfate	$\frac{1}{8}SO_4^{2-} + \frac{19}{16}H^+ + e^-$	=	$\frac{1}{16}H_2S + \frac{1}{16}HS^- + \frac{1}{2}H_2O$	20.85
I-10	Sulfide-Sulfite	$\frac{1}{6}SO_3^{2-} + \frac{5}{4}H^+ + e^-$	=	$\frac{1}{12}H_2S + \frac{1}{12}HS^- + \frac{1}{2}H_2O$	11.03
I-11	Sulfite-Sulfate	$\frac{1}{2}SO_4^{2-} + H^+ + e^-$	=	$\frac{1}{2}SO_3^{2-} + \frac{1}{2}H_2O$	50.30
I-12	Sulfur-Sulfate	$\frac{1}{6}SO_4^{2-} + \frac{4}{3}H^+ + e^-$	=	$\frac{1}{6}S + \frac{3}{2}H_2O$	19.15
I-13	Thiosulfate-Sulfate	$\frac{1}{4}SO_4^{2-} + \frac{5}{4}H^+ + e^-$	=	$\frac{1}{8}S_2O_3^{2-} + \frac{5}{8}H_2O$	23.58
I-14	Water-Oxygen	$\frac{1}{4}O_2 + H^+ + e^-$	=	$\frac{1}{2}H_2O$	− 78.72

(출처: Rittmann and McCarty, 2001)

[표 4-2] 대표적인 유기물질의 산화-환원 반응 반쪽반응식과 pH 7 조건에서의 표준 깁스 자유에너지 변화($\Delta G_r^{0'}$)

일련 번호	환원 상태의 유기물질	반쪽반응식			$\Delta G_r^{0'}$ (kJ/e⁻-eq)
O-1	Acetate	$\frac{1}{8}CO_2+\frac{1}{8}HCO_3^-+H^++e^-$	=	$\frac{1}{8}CH_3COO^-+\frac{3}{8}H_2O$	27.40
O-2	Alanine	$\frac{1}{6}CO_2+\frac{1}{12}HCO_3^-+\frac{1}{12}NH_4^++\frac{11}{12}H^++e^-$	=	$\frac{1}{12}CH_3CHNH_2COO^-+\frac{5}{12}H_2O$	31.37
O-3	Benzoate	$\frac{1}{5}CO_2+\frac{1}{30}HCO_3^-+H^++e^-$	=	$\frac{1}{30}C_6H_5COO^-+\frac{13}{30}H_2O$	27.34
O-4	Citrate	$\frac{1}{6}CO_2+\frac{1}{6}HCO_3^-+H^++e^-$	=	$\frac{1}{18}(COO^-)CH_2COH(COO^-)CH_2COO^-+\frac{4}{9}H_2O$	33.08
O-5	Ethanol	$\frac{1}{6}CO_2+H^++e^-$	=	$\frac{1}{12}CH_3CH_2OH+\frac{1}{4}H_2O$	31.18
O-6	Formate	$\frac{1}{2}HCO_3^-+H^++e^-$	=	$\frac{1}{2}HCOO^-+\frac{1}{2}H_2O$	39.19
O-7	Glucose	$\frac{1}{4}CO_2+H^++e^-$	=	$\frac{1}{24}C_6H_{12}O_6+\frac{1}{4}H_2O$	41.35
O-8	Glutamate	$\frac{1}{6}CO_2+\frac{1}{9}HCO_3^-+\frac{1}{18}NH_4^++H^++e^-$	=	$\frac{1}{18}COOHCH_2CH_2CHNH_2COO^-+\frac{4}{9}H_2O$	30.93
O-9	Glycerol	$\frac{3}{14}CO_2+H^++e^-$	=	$\frac{1}{14}CH_2OHCHOHCH_2OH+\frac{3}{14}H_2O$	38.88
O-10	Glycine	$\frac{1}{6}CO_2+\frac{1}{6}HCO_3^-+\frac{1}{6}NH_4^++H^++e^-$	=	$\frac{1}{6}CH_2NH_2COOH+\frac{1}{2}H_2O$	39.80
O-11	Lactate	$\frac{1}{6}CO_2+\frac{1}{12}HCO_3^-+H^++e^-$	=	$\frac{1}{12}CH_3CHOHCOO^-+\frac{1}{3}H_2O$	32.29
O-12	Methane	$\frac{1}{8}CO_2+H^++e^-$	=	$\frac{1}{8}CH_4+\frac{1}{4}H_2O$	23.53
O-13	Methanol	$\frac{1}{6}CO_2+H^++e^-$	=	$\frac{1}{6}CH_3OH+\frac{1}{6}H_2O$	36.84
O-14	Plamitate	$\frac{15}{19}CO_2+\frac{1}{92}HCO_3^-+H^++e^-$	=	$\frac{1}{92}CH_3(CH_2)_{14}COO^-+\frac{31}{92}H_2O$	27.26
O-15	Propionate	$\frac{1}{7}CO_2+\frac{1}{14}HCO_3^-+H^++e^-$	=	$\frac{1}{14}CH_3CH_2COO^-+\frac{5}{14}H_2O$	27.63
O-16	Pyruvate	$\frac{1}{5}CO_2+\frac{1}{10}HCO_3^-+H^++e^-$	=	$\frac{1}{10}CH_3COCOO^-+\frac{2}{5}H_2O$	35.09
O-17	Succinate	$\frac{1}{7}CO_2+\frac{1}{7}HCO_3^-+H^++e^-$	=	$\frac{1}{14}(CH_2)_2(COO^-)_2+\frac{3}{7}H_2O$	29.09
O-18	생활하수	$\frac{9}{50}CO_2+\frac{1}{50}HCO_3^-+\frac{1}{50}NH_4^++H^++e^-$	=	$\frac{1}{50}C_{10}H_{19}O_3N+\frac{9}{25}H_2O$	-

[표 4-2] (계속)

일련 번호	환원 상태의 유기물질	반쪽반응식			$\Delta G_r^{0'}$ (kJ/e⁻-eq)
O-19	일반 유기화합물	$\frac{n-c}{d}CO_2+\frac{c}{d}HCO_3^-+\frac{c}{d}NH_4^++H^++e^-$	=	$\frac{1}{d}C_nH_aO_bN_c+\frac{2n-b+c}{d}H_2O$ 여기서, $d=4n+a-2b-3c$	-
O-20	세포 형성	$\frac{1}{5}CO_2+\frac{1}{20}HCO_3^-+\frac{1}{20}NH_4^++H^++e^-$	=	$\frac{1}{20}C_5H_7O_2N+\frac{9}{20}H_2O$	-

(출처: Rittmann and McCarty, 2001)

이 요령에 따라 이산화탄소(CO_2)가 포도당($C_6H_{12}O_6$)으로 환원되는 반쪽반응을 작성해 보자. 이 반응은 포도당의 완전 무기물화 반응의 역반응이다. 첫 세 단계는 다음과 같다.

1) $CO_2 \quad = \quad C_6H_{12}O_6$

2) $CO_2+H_2O+e^- \quad = \quad C_6H_{12}O_6$

3) $6CO_2+H_2O+e^- \quad = \quad C_6H_{12}O_6$

수용액에서 일어나는 산화–환원 반응에서 물은 반응물 또는 생성물 중 어느 쪽에도 등장할 수 있다. 우리는 반쪽반응식을 환원되는 방향으로 작성할 것이므로 전자는 반응물 쪽에 있어야 한다. 이어지는 단계를 밟으면 다음과 같다.

4) $6CO_2+e^- \quad = \quad C_6H_{12}O_6+6H_2O$

5) $6CO_2+24H^++e^- \quad = \quad C_6H_{12}O_6+6H_2O$

6) $6CO_2+24H^++24e^- \quad = \quad C_6H_{12}O_6+6H_2O$

7) $\frac{1}{4}CO_2+H^++e^- \quad = \quad \frac{1}{24}C_6H_{12}O_6+\frac{1}{4}H_2O$

이렇게 하여 화학양론적으로 부합하는 반쪽반응식을 완성하였다. 완성된 반응식 좌변과 우변의 탄소, 산소, 수소의 원자 수와 각 변의 전하량을 비교하여 이를 검증할 수 있다.

[예제 4-5] 반쪽반응식 작성 요령의 각 단계를 준수하여 질산이온(NO_3^-)이 질소 가스(N_2)로 환원되는 반응의 반쪽반응식을 작성하시오.

▸ 풀이

질산이온이 질소 가스로 환원되는 반응을 탈질(denitrification) 반응이라 한다. 이 책의 후반부에서 이 반응에 대해 심도 있는 고찰이 이루어질 것이다. 이 반응은 생물학적 질소 처리 공정에서 매우 중요한 역할을 하며 동시에 매우 간단하고 기초적인 반응이므로 이것을 첫 예제로 선택하였다. 아래를 참고하기 전에 가능하면 각자 작성에 도전해보자. 앞에서 배운 단계별 절차를 충실히 따르면 어렵지 않게 반응식을 완성할 수 있다.

1) $NO_3^- \quad = \quad N_2$

2) $NO_3^- + H_2O + e^- \quad = \quad N_2$

3) $2NO_3^- + H_2O + e^- \quad = \quad N_2$

4) $2NO_3^- + e^- \quad = \quad N_2 + 6H_2O$

5) $2NO_3^- + 12H^+ + e^- \quad = \quad N_2 + 6H_2O$

6) $2NO_3^- + 12H^+ + 10e^- \quad = \quad N_2 + 6H_2O$

7) $\frac{1}{5}NO_3^- + \frac{6}{5}H^+ + e^- \quad = \quad \frac{1}{10}N_2 + \frac{3}{5}H_2O$

[예제 4-6] 알라닌(alanine, CH_3CHNH_2COOH)의 유기탄소가 이산화탄소로 산화되는 반쪽반응식을 작성하시오.

▸ 풀이

먼저 산화된 물질과 환원된 물질을 적는다.

1) $CO_2 \quad = \quad CH_3CHNH_2COOH$

물(H_2O)과 전자를 기본적인 반응 참여 물질로 포함시킨다. 알라닌에는 질소 원자가 포함되어 있으므로 반쪽반응의 반응물에도 질소를 포함하는 물질이 등장해야 한다. 여기서 우리는 탄소의 산화에만 관심이 있으므로, 반응물에 있는 질소 물질의 산화수는 알라닌의 질소와 동일해야 한다. 알라닌에 존재하는 아민기(-NH_2)의 질소 산화수는 -3이고, 이 반응은 유기물질이 무기물화 되는 반응이므로, 반응물로 적어야 할 질소 물질은 질소의 산화수가 -3인 무기물이다. 이것은 암모니아(NH_3; 또는 암모늄 이온, NH_4^+)이다. 따라서 반쪽반응식 작성의 두 번째 단계는 아래와 같이 적는다.

2) $CO_2 + H_2O + NH_3 + e^- \quad = \quad CH_3CHNH_2COOH$

이어지는 단계는 별다른 설명이 필요하지 않다.

3) $3CO_2 + H_2O + NH_3 + e^- \quad = \quad CH_3CHNH_2COOH$

4) $3CO_2 + NH_3 + e^- \quad = \quad CH_3CHNH_2COOH + 4H_2O$

5) $3CO_2 + NH_3 + 12H^+ + e^- \quad = \quad CH_3CHNH_2COOH + 4H_2O$

6) $3CO_2 + NH_3 + 12H^+ + 12e^- \quad = \quad CH_3CHNH_2COOH + 4H_2O$

7) $\frac{1}{4}CO_2 + \frac{1}{12}NH_3 + H^+ + e^- \quad = \quad \frac{1}{12}CH_3CHNH_2COOH + \frac{1}{3}H_2O$

(예4-6A)

이제 알라닌의 산화에 대해 도출한 반쪽반응식을 표 4-2의 반응식 O-2와 비교해 보자. 비교를 통해 우리가 도출한 식이 O-2와는 약간 다르다는 것을 확인할 수 있다. 더 자세히 비교해보면, 우리가 도출한 반쪽반응식은 산화된 무기탄소의 유일한 형태로 이산화탄소(CO_2)를, 질소를 함유한 반응물로 암모니아 분자(NH_3)를 사용하였고, 알라닌의 형태로 분자상 알라닌(CH_3CHNH_2COOH)을 사용한 반면, O-2에서는 산화된 무기탄소로 이산화탄소와 중탄산 이온(HCO_3^-)을 2:1의 비율로 사용하고, 질소를 함유한 반응물로는 암모늄 이온(NH_4^+)을 사용하였으며, 알라닌은 해리된 형태($CH_3CHNH_2COO^-$)를 사용하였음을 알 수 있다.

알라닌에 대해 우리가 도출한 식 (예4-6A)와 반응식 O-2는 모두 화학양론적으로 틀림이 없는 반응식이며, 단지 양성자의 결합 또는 해리 형태, 물의 결합 또는 해리 형태에 따라 나타나는 어떤 물질의 다양한 화학종(예를 들어, 탄산염 시스템의 CO_2, H_2CO_3, HCO_3^-, CO_3^{2-}) 중 어떤 종을 반응물 및 생성물로 사용하느냐에 따라 조금 다르게 표현되었을 뿐이다. 반쪽반응식에 어떤 화학종을 사용하느냐는 것은 사용자가 재량껏 결정할 수 있다. 사용자는 화학양론적 정보를 활용할 화학종이 무엇인지, 관심 있는 반응조 또는 환경조건하에서 우세한 화학종은 무엇인지, 또는 어떤 화학종을 이용하면 반응식을 가장 간단하게 표현 가능한지 등에 따라 사용할 화학종을 선택하게 된다. 주어진 반쪽반응식에 있는 화학종이 사용자가 사용하고자 하는 화학종과 다를 경우 그 화학종이 참여하는 양성자의 결합·해리 반응이나 물의 결합·해리 반응을 작성한 후 반쪽반응식에서 적절히 더하거나 빼면 된다. 예를 들어, 반응식 O-2에서 출발하여 산화된 무기탄소를 모두 이산화탄소로 하는 반쪽반응식을 얻고자 한다면, 우선 중탄산염의 양성자 결합 및 물 분자 해리 반응식을 작성한다.

$$HCO_3^- + H^+ \;=\; H_2CO_3 \;=\; H_2O + CO_2 \qquad (4\text{-}4)$$

반응식 O-2의 반응물에 있는 HCO_3^-를 소거하기 위하여 식 (4-4)에 −1/12를 곱한 후 더하면

$$\frac{1}{4}CO_2 + \frac{1}{12}NH_4^+ + \frac{5}{6}H^+ + e^- = \frac{1}{12}CH_3CHNH_2COO^- + \frac{1}{3}H_2O \qquad (4\text{-}5)$$

가 된다.

[예제 4-7] 식 (4-5)에서 NH_4^+를 NH_3로, CH_3CHNH_2COOH를 $CH_3CHNH_2COO^-$로 치환하여 식 (예4-6A)를 얻을 수 있음을 보이시오.

▸ 풀이

암모늄과 알라닌의 해리 반응식은 각각 다음과 같다.

$$NH_4^+ \;=\; NH_3 + H^+ \qquad (\text{예}4\text{-}7A)$$

$$CH_3CHNH_2COOH \;=\; CH_3CHNH_2COO^- + H^+ \qquad (\text{예}4\text{-}7B)$$

다음의 계산을 수행한다.

$$(4\text{-}5)\quad \frac{1}{4}CO_2 + \frac{1}{12}NH_4^+ + \frac{5}{6}H^+ + e^- = \frac{1}{12}CH_3CHNH_2COO^- + \frac{1}{3}H_2O$$

+ (예4-7A) × -1/12

$$\frac{1}{12}NH_3 + \frac{1}{12}H^+ \;=\; \frac{1}{12}NH_4^+$$

+ (예4-7B) × -1/12

$$\frac{1}{12}CH_3CHNH_2COO^- + \frac{1}{12}H^+ \;=\; \frac{1}{12}CH_3CHNH_2COOH$$

$$\frac{1}{4}CO_2 + \frac{1}{12}NH_3 + H^+ + e^- = \frac{1}{12}CH_3CHNH_2COOH + \frac{1}{3}H_2O$$

4.4 전자의 분배와 세포 산출량

어떤 세포, 또는 어떤 개체의 생애주기 동안의 가장 큰 목표 중 하나는 자신의 유전정보를 담은 새로운 세포(또는 개체)를 만들어내는 일일 것이다. 다시 말해서, 세포 합성(cell synthesis)은 어떤 세포나 개체의 핵심적인 기능이다. 우리가 맨눈으로 관찰하거나 간단한 실험실 실험으로 측정할 수 있는 스케일에서 보기에 세포 합성은 다세포 생물 개체의 생장과 발달이나 바이오매스의 증가 등의 현상으로 나타난다.

생물학적 처리공정에서 우리가 기대하는 미생물의 생화학적 반응들은, 추후에 논의할 몇 가지 예외적인 사례를 제외하고는, 미생물이 세포 합성에 필요한 물질과 에너지를 얻기 위해 매개하는 반응들이다. 또한, 미생물 성장은 환경공학의 생물학적 공정에서 공정의 기능과 효율에 결정적인 영향을 미친다(이는 다른 거의 모든 생물학적 공정에서도 마찬가지이다). 어떤 유용한 미생물종이 우리에게 편익을 미칠 수준으로 기능하기 위해서는 충분한 양의 개체수(또는 바이오매스) 확보가 필요하다. 우리가 관심을 갖는 시스템(생물반응조, 지중의 오염 구역 등)에서 유용한 미생물종이 기능하기 위해서는 이 미생물종과 경쟁 관계에 있거나 미생물을 포식하는 미생물종의 개체수가 높아서는 안 된다. 반면에, 정상적인 기능을 하는 어떤 생물반응조가 그 조건을 유지하려면 성장에 의해 증가한 바이오매스만큼을 지속적으로 생물반응조에서 제거해줘야 한다. 이는 반응조 물질수지의 기초적인 원리이다. 이러한 이유로 미생물이 매개하는 생화학적 반응의 진행을 세포 합성, 또는 그 겉보기 매개변수인 바이오매스량 증가에 초점을 맞춰 표현할 필요가 있다.

앞서 논의했듯이 세포는 고도로 조직화되어 있으며, 탄소, 질소, 황 등 주요 원소가 환원된 높은 에너지 준위의 상태로 존재한다. 환경에서 구할 수 있는 원료로부터 이러한 물질을 합성하고 조직하기 위해서는 상당한 에너지가 필요하다. 이 에너지는 산화–환원 반응(예: 호흡 반응)을 통해 얻을 수 있다. 편의상 어떤 원소가 완전히 산화된 상태[예: 이산화탄소(CO_2)에서 탄소의 상태, 질산이온(NO_3^-)에서 질소의 상태]를 전자가 없는 상태라고 표현하면, 세포에 있는 원소들은 이들 물질보다 전자를 더 넉넉하게 가지고 있는 상태로 존재한다고 말할 수 있다. 따라서 세포 합성의 과정에는 전자의 공급이 필요하다. 이 전자는(다시 말해 환원력은) 환원 상태의(전자를 넉넉하게 가지고 있는) 세포 밖 물질을 세포 내부로 끌어들여 산화시키는 과정에서 얻을 수 있다.

정리하면, 미생물의 생장에는 원료 물질로부터 세포를 합성하는 반응과 함께 세포 합성에 필요한 에너지를 생산하는 반응도 필요하다. 이러한 반응들은 산화–환원 반응, 즉 전자가 원료 물질로부터 세포와 다른 물질로 이동하는 반응이다. 따라서 우리는 이 두 반응의 진행을 에너지의 흐름 관점에서 해석할 수도 있고 전자의 흐름 관점에서 해석할 수도 있다. 어떤 반응을 통해 이동하는 전자의 수(또는 전자의 몰수)는 반응물과 생성물만 정확하게 정의되면 직접적으로 파악할 수 있으므로 에너지의 흐름보다 다루기 용이하다. 따라서 이 장에서 우리는 주로 반응의 진행을 전자의 흐름 관점에서 해석할 것이다. 전자의 흐름에 기반하여 화학양론식을 완성하고 나면 에너지의 흐름은 이를 통해 파악해낼 수 있다.

4.4.1 미생물 생장의 전자 분배

이해를 돕기 위해 주요 논의는 호흡(respiration) 작용을 통해 에너지를 얻는 화학유기영양생물을 대상으로 한다. 그러나 아래에 기술하는 미생물 생장의 전자 분배는 비단 화학유기영양생물에 한정되는 것이 아니며, 모든 유형의 생물 생장 반응에 확장하여 적용 가능하다.

화학유기영양생물(chemoorganotroph)은 동시에 종속영양생물(heterotroph)이므로 이 부류의 생물은 유기물을 에너지원이자 세포를 구성하는 탄소의 공급원으로 사용한다. 이러한 생물이 사용하는 유기물의 탄소는 (최소한 이산화탄소보다는) 환원된 상태로 존재한다. 즉, 유기물은 '전자가 있는' 탄소를 보유하고 있다. 따라서 화학유기영양생물에서 유기물의

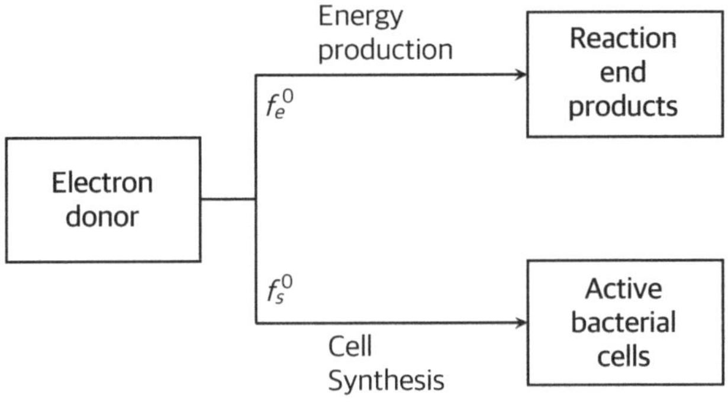

[그림 4-1]
미생물 생장의 전자 분배 도식화

탄소는 전자의 공급원(전자공여체, electron donor)이 된다. 전자공여체가 공급하는 전자의 일부는 세포를 구성하는 환원 상태 원소에 전달되며, (호흡으로 에너지를 얻는 생물의 경우) 일부는 에너지를 생산하는 반응인 호흡 반응에 사용되어 최종 전자수용체(terminal electron acceptor)에 전달된다. 다시 말해서 전자공여체가 세포에 공급하는 전자는 세포 합성과 에너지 생산, 이 두 과정에 분배된다. 그림 4-1에 이 전자 분배를 도식화하고, 세포 합성에 이용되는 전자의 분율을 f_s^0, 에너지 생산에 이용되는 분율을 $f_e^0(=1-f_s^0)$로 표기하였다.

4.4.2 산출량과 감쇠

실산출량(true yield; Y)은 세포 합성을 위해 미생물이 사용한 기질(substrate; 여기에서는 전자공여체)의 양 대비 합성된 세포의 양을 가리킨다. 기질의 양을 그 기질이 발생시키는 화학적 산소요구량(chemical oxygen demand, COD)으로 나타내면, 실산출량과 f_s^0는 다음의 관계를 갖는다.

$$Y=f_s^0\frac{M_c}{8n_e} \tag{4-6}$$

여기서 M_c는 세포의 화학식량(단위: g cells/mole cells)으로, 세포를 $C_5H_7O_2N$으로 나타낼 경우 그 값은 113g cells/mole cells이다. n_e(단위: e^--eq cells/mole cells)는 화학식량 기준 세포 1몰의 전자등가량이다. 세포 합성 반응이 표 4-2의 O-20를 따른다면, 전자등가량 1eq를 기준으로 쓰여 있는 해당 반응식에서 세포의 계수가 1/20이므로, 이 값은 $20e^-$-eq cells/mole cells이 된다. 식 (4-6) 분모의 계수 8은 g COD donor/e^--eq donor의 단위를 갖는데, 이 값의 근거는 표 4-1의 I-14와 4.4절의 논의를 통해 확인할 수 있다. f_s^0의 단위는 e^--eq cells/e^--eq donor이므로, 식 (4-6)에서 실산출량 Y의 단위는 g cells/g COD donor가 된다.

고등 생물에서 개체의 유지와 활동에 필요한 에너지 소모, 개체의 사망 등 개체 집단의 바이오매스 양을 감소하게 하는 요인이 있는 것과 마찬가지로 미생물 집단의 바이오매스 양을 감소하게 하는 요인이 존재한다. 이것을 감쇠(decay)라고 부르며, 여기에는 세포의 유지와 활동에 필요한 에너지나 자원을 얻기 위한 세포 구성물질의 소모, 세포 용해(cell lysis), 다른 종의 포식 등이 포함된다. 어떤 미생물군의 감쇠 속도는 일반적으로 활성 미생물량(생존하여 활성을 보이는 미생물의 양)에 비례하고, 고유의 비례상수를 갖는 것으로 본다.

실제 우리가 어떤 시스템에서 관찰하는 미생물 바이오매스의 순증가율은 세포 합성에 따른 증가율에서 감쇠로 인한 감소율을 뺀 결과이다. 이것은 고립된 어떤 인구 집단에서 인구의 순증가율을 출생율과 사망률의 차로 구할 수 있는 것과 같은 이치이다. 이를 식으로 표현하면 다음과 같다.

$$\frac{dX_a}{dt} = \left.\frac{dX_a}{dt}\right|_{synthesis} + \left.\frac{dX_a}{dt}\right|_{decay} = Y\left(-\frac{dS}{dt}\right) - bX_a \tag{4-7}$$

여기서, X_a는 활성 미생물 농도($[M_x \cdot T^{-1}]$), b는 감쇠계수($[T^{-1}]$)이다. 식 (4-7)의 우변은 실산출량의 정의와 감쇠율이 바이오매스 양에 비례한다는 가정을 적용하여 표현되었다.

순산출량(net yield, Y_n)은 미생물 바이오매스의 순증가분을 고려해 정의한 산출량 값이다. 즉, 순산출량은 미생물이 사용한 기질의 양 대비 미생물 바이오매스의 순증가량이다. 이를 식으로 표현하면 다음과 같다.

$$Y_n = \frac{dX_a/dt}{-dS/dt} = Y - b\frac{X_a}{-dS/dt} \tag{4-8}$$

세포 합성과 감쇠를 모두 고려했을 때 전자공여체가 공급하는 전자 중 미생물 바이오매스로 전달되는 전자의 분율을 f_s라고 하자. 순산출량 Y_n과 f_s의 관계는 식 (4-6)에 나타낸 실산출량 Y와 f_s^0의 관계와 동일하다. 순산출량은 실산출량보다 작으므로 f_s 또한 f_s^0보다 작다. 세포합성과 감쇠를 모두 고려했을 때 전자공여체가 공급하는 전자 중 에너지 생산에 이용되는 분율을 f_e로 표기하면, $f_e = 1 - f_s$의 관계를 갖는다.

4.5 에너지 반응, 세포 합성 반응, 총괄 반응

4.5.1 에너지 반응과 세포 합성 반응

전자 분배와 관련한 논의를 통해 우리는 미생물이 전자공여체를 이용해 매개하는 반응에 에너지를 생성하는 반응과 세포를 합성하는 반응이 있다는 것을 확인하였다. 그리고 호흡을 통해 에너지를 얻는 화학유기영양생물의 경우 전자인 에너지 반응(R_e)은 전자공여체의 전자가 최종 전자수용체에 전달되는 반응, 후자인 세포 합성 반응(R_s)은 전자공여체의 전자가 세포 바이오매스로 전달되는 반응인 것을 알았다. 전자공여 반쪽반응을 R_d, 전자수용 반쪽반응을 R_a, 무기탄소로부터 세포 바이오매스가 형성되는 반쪽반응을 R_c라 하면, 에너지 반응과 세포 합성 반응은 다음과 같이 나타난다.

$$R_e = R_a - R_d \tag{4-9}$$

$$R_s = R_c - R_d \tag{4-10}$$

화학식 $C_5H_7O_2N$을 갖는 세포의 형성 반쪽반응 R_c는 표 4-2의 O-20과 같다.

[예제 4-8] 포도당이 전자공여체일 때 산소가 최종 전자수용체인 에너지 반응과 세포 합성 반응을 작성하시오.

▸ 풀이

R_a로 표 4-1의 I-14를, R_d로 표 4-2의 O-7을, R_c로 표 4-2의 O-20을 사용한다. 에너지 반응은 다음과 같이 구한다.

$$\text{(I-14)} \quad \frac{1}{4}O_2 + H^+ + e^- = \frac{1}{2}H_2O$$

$$-\text{(O-7)} \quad \frac{1}{24}C_6H_{12}O_6 + \frac{1}{4}H_2O = \frac{1}{4}CO_2 + H^+ + e^-$$

$$R_e \quad \frac{1}{24}C_6H_{12}O_6 + \frac{1}{4}O_2 = \frac{1}{4}CO_2 + \frac{1}{4}H_2O$$

세포 합성 반응을 작성하기 전에 O-20을 변형하여 무기탄소 화학종을 이산화탄소로 통일해 보자.

$$\text{(O-20)} \quad \frac{1}{5}CO_2 + \frac{1}{20}NH_4^+ + \frac{1}{20}HCO_3^- + H^+ + e^- = \frac{1}{20}C_5H_7O_2N + \frac{9}{20}H_2O$$

$$+ \quad \frac{1}{20}CO_2 + \frac{1}{20}H_2O = \frac{1}{20}HCO_3^- + \frac{1}{20}H^+$$

$$\frac{1}{4}CO_2 + \frac{1}{20}NH_4^+ + \frac{19}{20}H^+ + e^- = \frac{1}{20}C_5H_7O_2N + \frac{2}{5}H_2O \quad \text{(예4-8A)}$$

이제 세포 합성 반응을 작성하면,

$$\text{(예4-8A)} \quad \frac{1}{4}CO_2 + \frac{1}{20}NH_4^+ + \frac{19}{20}H^+ + e^- = \frac{1}{20}C_5H_7O_2N + \frac{2}{5}H_2O$$

$$-\text{(O-7)} \quad \frac{1}{24}C_6H_{12}O_6 + \frac{1}{4}H_2O = \frac{1}{4}CO_2 + H^+ + e^-$$

$$\frac{1}{24}C_6H_{12}O_6 + \frac{1}{20}NH_4^+ = \frac{1}{20}C_5H_7O_2N + \frac{3}{20}H_2O + \frac{1}{20}H^+ \quad \text{(예4-8B)}$$

4.5.2 발효

어떤 미생물은 호흡이 아닌 발효(fermentation)를 에너지 반응으로 사용한다. 발효 반응에서는 반응물이 제공하는 전자가 복수의 생성물에 분배된다. 이 생성물 중 적어도 1개는 반응물보다 더 환원된 상태를, 적어도 1개는 반응물보다 더 산화된 상태를 갖게 된다. 따라서 발효의 반응물은 전자공여체이면서 동시에 전자수용체로 작용한다고 표현하기도 한다. 발효에 대한 에너지 반응식을 구하는 요령은 다음과 같다. 먼저 발효의 반응물과 이산화탄소를 쌍으로 하는 반쪽반응식 R_d, 환원된 발효 생성물과 이산화탄소를 쌍으로 하는 반쪽반응식 R_a를 구한다. 이후 호흡 에너지 반응과 동일한 방법($R_e = R_a - R_d$)을 적용한다. 이렇게 하여 구해진 반응식 R_e가 발효의 에너지 반응식이 된다.

[예제 4-9] 포도당($C_6H_{12}O_6$)의 에탄올(C_2H_6OH) 발효에 대한 에너지 반응식을 완성하시오.

▸ 풀이

R_a로 표 4-2의 O-5를, R_d로 표 4-2의 O-7을 사용하여 아래와 같이 구하면 된다.

$$\text{(O-5)}\ \frac{1}{6}CO_2 + H^+ + e^- = \frac{1}{12}C_2H_5OH + \frac{1}{4}H_2O$$

$$-\ \text{(O-7)}\ \frac{1}{24}C_6H_{12}O_6 + \frac{1}{4}H_2O = \frac{1}{4}CO_2 + H^+ + e^-$$

$$R_e\ \frac{1}{24}C_6H_{12}O_6 = \frac{1}{12}C_2H_5OH + \frac{1}{12}CO_2 \tag{예4-9A}$$

에너지 반응식으로부터 이 발효반응이 평균 산화수가 0인 포도당의 탄소 6개가 평균 산화수 -2인 에탄올의 탄소 4개와 산화수 +4인 이산화탄소의 탄소 2개로 변환되는 반응임을 알 수 있다.

4.5.3 총괄반응식 작성

총괄반응식은 에너지 반응 R_e와 세포 합성 반응 R_s를 선형 결합하여 구할 수 있다. R_e와 R_s를 전자 당량 기준으로 작성하였을 경우 우리가 관찰하는 총괄 반응은 이 두 반응이 f_e: f_s의 비율로 이루어진 결과이다. 따라서 총괄반응식 R은 다음과 같이 적을 수 있다.

$$R = f_e R_e + f_s R_s \tag{4-11}$$

식 (4-9), (4-10)과 $f_e + f_s = 1$임을 이용하면 식 (4-11)은 다음과 같이 반쪽반응식의 선형 결합으로 표현할 수 있다.

$$R = f_e R_a + f_s R_c - R_d \tag{4-12}$$

[예제 4-10] 암모늄(NH_4^+)을 전자공여체로, 산소(O_2)를 전자수용체로 이용하는 질산화 반응의 총괄반응식을 작성하시오. f_s 값으로 0.12를 이용하시오. 반응을 통해 질소는 질산이온(NO_3^-)의 형태로 변환됨을 참고하시오.

▸ 풀이

R_a로 표 4-1의 I-14를, R_c로 (예4-8A)를, R_d로 표 4-2의 I-1을 사용한다. $f_s = 0.12$이므로 $f_e = 0.88$이다.

0.88 × (I-14) $0.22O_2 + 0.88H^+ + 0.88e^- = 0.44H_2O$

0.22 × (예4-8A) $0.055CO_2 + 0.011NH_4^+ + 0.209H^+ + 0.22e^-$
$= 0.011C_5H_7O_2N + 0.088H_2O$

− (I-1) $0.125NH_4^+ + 0.375H_2O = 0.125NO_3^- + 1.25H^+ + e^-$

R $0.136NH_4^+ + 0.22O_2 + 0.055CO_2$
$= 0.125NO_3^- + 0.011C_5H_7O_2N + 0.161H^+ + 0.153H_2O$

[예제 4-11] 포도당을 이용한 에탄올 발효의 f_s 값이 0.05일 때, 총괄반응식을 작성하시오.

▸ 풀이

(예제 4-8)로부터 R_s를, (예제 4-9)로부터 R_e를 구하였으므로 이를 활용해보자.

0.95 × (예4-9A) $0.0396C_6H_{12}O_6 = 0.0792C_2H_5OH + 0.0792CO_2$

0.05 × (예4-8B) $0.0021C_6H_{12}O_6 + 0.0025NH_4^+$
$= 0.0025C_5H_7O_2N + 0.0075H_2O + 0.0025H^+$

$$R \qquad 0.0417C_6H_{12}O_6 + 0.0025NH_4^+ = 0.0792C_2H_5OH + 0.0025C_5H_7O_2N + 0.0792CO_2 + 0.0075H_2O + 0.0025H^+$$

4.6 생화학반응의 에너지 수지

생화학반응에서는 화학양론을 통해 물질(원소)과 전자의 흐름을 이해하는 것과 함께 에너지의 흐름을 이해하는 것 또한 중요하다. 표 4-1, 4-2에 주어진 반쪽반응식에는 pH 7 조건에서 각 반응의 표준 깁스 자유에너지 변화량($\Delta G_r^{0\prime}$) 또한 나타나 있다. 반쪽반응식 2개의 결합으로 구해지는 산화-환원 반응의 깁스 자유에너지 변화량(Gibbs free energy change of reaction)은 반쪽반응의 깁스 자유에너지 변화량을 그대로 합산하여 구할 수 있다. 예를 들어, 에너지 반응 $R_e = R_a - R_d$에서 R_a가 표 4-1의 I-14, R_d가 표 4-2의 O-1일 때 에너지 반응 R_e의 $\Delta G_r^{0\prime}$은 I-14의 $\Delta G_r^{0\prime}$인 -78.72kJ/e$^-$-eq, O-1의 $\Delta G_r^{0\prime}$인 27.40kJ/e$^-$eq를 이용하여 -78.72 - 27.40 = -106.12kJ/e$^-$-eq로 구할 수 있다.

4.6.1 표준 조건과 깁스 자유에너지 값의 변환

우리의 관심사는 실제 우리가 해석하고자 하는 환경조건에서 생화학 반응의 에너지 수지이다. 그러나 $\Delta G_r^{0\prime}$로 표현된 깁스 자유에너지 변화량은 "pH 7인 표준 조건"에서의 값이다. 문헌에서 얻을 수 있는 반응의 깁스 자유에너지 변화량은 표준 조건에서의 값이거나 "pH 7인 표준 조건"과 같이 다른 환경조건은 표준 조건과 동일하면서 특정한 지표(들)만 정해진 다른 조건을 가질 때의 값이다. 우리가 실제로 원하는 에너지 수지 정보를 얻기 위해서는 이러한 문헌값을 우리가 해석하고자 하는 환경조건에서의 값으로 변환할 수 있어야 한다.

먼저 화학반응의 열역학에서 표준 상태가 가리키는 조건에 대해 짚고 넘어가도록 하자. 어떤 반응의 에너지 수지를 살펴볼 때 표준 상태는 25℃, 1기압이면서 반응물과 생성물의 활성도가 모두 1인 상태를 가리킨다. 일반적인 규약상 기체의 활성도는 그 기체의 분압과 같고, 순수한 고체와 액체의 활성도는 1로 정의한다. 수용액에서 일어나는 반응의 경우 물에 용해된 물질의 양이 매우 많지 않은 이상 수용액 내 분자의 대부분은 물(H_2O)이므로, 많은 경우 물의 활성도는 1로 가정한다. 이 표준 조건에서 일어나는 반응의 깁스 자유에너지 변화를 반응의 표준 깁스 자유에너지 변화(standard Gibbs free energy change of reaction)라 하고, 일반적으로 ΔG_r^0로 표기한다.

위와 같이 정의된 표준 상태는 실제로 우리가 많이 살펴보는 반응 조건과 어느 정도 괴리가 있을 수 있다. 특히, 많은 생화학 반응에서 반응물 또는 생성물로 참여하는 수소이온(H^+)의 활성도가 1인 조건은 곧 pH(= $\log_{10}\{H^+\}$)가 0인 조건으로, 일반적인 수용액의 반응 조건과 크게 다르다는 것을 알 수 있다. 이러한 까닭에 표 4-1, 4-2에는 다른 것들은 표준 조건과 같되 pH가 7인 조건에서의 깁스 자유에너지 변화량이 제시되어 있다. 이러한 소위 준표준 조건에서의 반응의 깁스 자유에너지 변화량을 일반적으로 $\Delta G_r^{0\prime}$으로 표기한다. 경우에 따라 pH = 7 외에도 염소나 브롬 이온의 농도를 환경적으로 유의한 어떤 값(예: $[Cl^-] = 10^{-5}\ M$, $[Br^-] = 10^{-5}\ M$)으로 특정하여 $\Delta G_r^{0\prime}$을 제시하기도 한다.

반응의 표준 깁스 자유에너지 변화량 ΔG_r^0로부터 주어진 조건의 깁스 자유에너지 변화량 ΔG_r을 구하는 방법은 다음과 같다. 좌변이 반응물, 우변이 생성물로 이루어진 반응식을 수학적 등식과 같은 방법으로 이항할 수 있다고 가상하면, 모든 반응식은 다음과 같은 형태로 나타낼 수 있다.

$$0 = \sum_{i=1}^{n} v_i A_i \tag{4-13}$$

여기서 v_i는 화학양론적 계수로 반응물은 (-), 생성물은 (+)의 기호를 가지며, A_i는 반응물 또는 생성물이다. 이 반응식 표현방식으로 정의된 계수 v_i에 대하여, ΔG_r과 ΔG_r^0은 다음의 관계를 갖는다.

$$\Delta G_r = \Delta G_r^0 + RT\sum_{i=1}^{n}\left[v_i \times \ln\{A_i\}\right] \tag{4-14}$$

여기서 R (= 8.314 × 10^{-3}kJ/mole-K)은 이상기체상수, T는 절대온도, $\{A_i\}$는 A_i의 활성도이다.

식 (4-14)로부터 표준 깁스 자유에너지 변화량 ΔG^0과 pH 7인 표준 깁스 자유에너지 변화량 $\Delta G_r^{0\prime}$ 간의 관계도 쉽게 도출할 수 있다. 여기에서 $\Delta G_r^{0\prime}$이 정의된 조건은 수소이온 농도의 활성도 $\{H^+\} = 10^{-7}$이고 다른 반응물 및 생성물의 활성도는 모두 1이므로,

$$\Delta G_r^{0\prime} = \Delta G_r^0 + RTv_{H^+} \times \ln(10^{-7}) \tag{4-15}$$

의 관계를 가진다. 수소이온이 반응에 참여하지 않는 경우에 $v_{H^+} = 0$이며, 이 경우 $\Delta G_r^{0\prime} = \Delta G_r^0$이다. 이는 물리적으로 자명하다.

[예제 4-12] 다음 조건에서 에탄올(C_2H_5OH)의 호기성 산화에 대한 깁스 자유에너지 변화량을 구하시오. $T = 20℃$, $pH = 5.0$, $[C_2H_5OH] = 10^{-4}$ M, $P_{CO_2} = 10^{-3.5}$ atm, $P_{O_2} = 0.21$ atm.

▸ 풀이

표 4-1의 I-14, 표 4-2의 O-5를 이용하면 이 에너지 반응을 완성하고 $\Delta G_r^{0\prime}$을 구할 수 있다.

R_a	$\frac{1}{4}O_2 + H^+ + e^- = \frac{1}{2}H_2O$	$\Delta G_r^{0\prime} = -78.72\ kJ/e^-\text{-}eq$
$-R_d$	$\frac{1}{12}C_2H_5OH + \frac{1}{4}H_2O = \frac{1}{6}CO_2 + H^+ + e^-$	$\Delta G_r^{0\prime} = -31.18\ kJ/e^-\text{-}eq$
R_e	$\frac{1}{12}C_2H_5OH + \frac{1}{4}O_2 = \frac{1}{6}CO_2 + \frac{1}{4}H_2O$	$\Delta G_r^{0\prime} = -109.90\ kJ/e^-\text{-}eq$

완성된 반응식에서 $v_{H^+} = 0$이므로 $\Delta G_r^0 = \Delta G_r^{0\prime} = -109.90\ kJ/e^-\text{-}eq$이다.
이제 주어진 조건에서의 ΔG_r 값을 구하면,

$$\begin{aligned}\Delta G_r &= \Delta G_r^0 + RT\sum_{i=1}^{n}[v_i \times \ln\{A_i\}] \\ &= -109.90\ kJ/e^-\text{-}eq + (8.314 \times 10^{-3}\ kJ/mole-K) \times (293\ K) \\ &\quad \times \left\{-\frac{1}{12}\ln(10^{-4}) - \frac{1}{4}\ln(0.21) + \frac{1}{6}\ln(10^{-3.5}) + \frac{1}{4}\ln(1)\right\} \\ &= -110.35\ kJ/e^-\text{-}eq\end{aligned}$$

위 계산식의 중괄호({ }) 내에 있는 값의 단위는 e^--eq/mole이다.
전자당량(e^--eq) 기준으로 되어 있는 ΔG_r 값을 반응식 R_e를 통해 알 수 있는 화학양론을 이용해 에탄올 또는 산소의 몰수 기준으로도 나타낼 수 있다. 즉,

$$\Delta G_r = \frac{-110.35\ kJ/e^- - eq}{1/12\ mole\ C_2H_5OH/e^- - eq} = -1324.2\ kJ/mole\ C_2H_5OH$$

$$= \frac{-110.35\ kJ/e^- - eq}{1/4\ mole\ O_2/e^- - eq} = -441.4\ kJ/mole\ O_2$$

4.6.2 에너지 반응을 통한 에너지 수득

4.6.1절에서 소개한 방법을 통해 우리는 미생물이 특정 에너지 반응을 통해 얼마만큼의 에너지를 얻을 수 있는지 확인할 수 있다. 그리고 표 4-1, 4-2에 제시된 반쪽반응 및 그 $\Delta G_r^{0\prime}$ 값을 검토하면 미생물이 어떤 전자공여체와 최종 전자수용체를 사용하는지에 따라 에너지 반응으로 획득하는 에너지량에 큰 차이가 있다는 것을 알 수 있다.

보다 구체적인 정량 검토를 위해 포도당을 전자공여체로 하고 다양한 최종 전자수용체를 이용하는 에너지 반응을 서로 비교해보자. 반쪽반응식을 이용하여 각 에너지 반응식과 그 $\Delta G_r^{0\prime}$ 값을 구하면 다음과 같다.

호기성 산화(전자수용체: O_2)

$$\frac{1}{24}C_6H_{12}O_6 + \frac{1}{4}O_2 \rightarrow \frac{1}{4}CO_2 + \frac{1}{4}H_2O$$

$$\Delta G_r^{0\prime} = -120.07\ kJ/e^- \text{-} eq$$

탈질(전자수용체: NO_3^-)

$$\frac{1}{24}C_6H_{12}O_6 + \frac{1}{5}NO_3^- + \frac{1}{5}H^+ \rightarrow \frac{1}{4}CO_2 + \frac{1}{10}N_2 + \frac{7}{20}H_2O$$

$$\Delta G_r^{0\prime} = -113.55\ kJ/e^- \text{-} eq$$

황산염 환원(전자수용체: SO_4^{2-})

$$\frac{1}{24}C_6H_{12}O_6 + \frac{1}{8}SO_4^{2-} + \frac{3}{16}H^+ \rightarrow \frac{1}{4}CO_2 + \frac{1}{16}H_2S + \frac{1}{16}HS^- + \frac{1}{4}H_2O$$

$$\Delta G_r^{0\prime} = -20.50\ kJ/e^- \text{-} eq$$

메탄 생성(전자수용체: CO_2)

$$\frac{1}{24}C_6H_{12}O_6 \rightarrow \frac{1}{8}CO_2 + \frac{1}{8}CH_4$$

$$\Delta G_r^{0\prime} = -17.82\ kJ/e^- \text{-}eq$$

에탄올 발효

$$\frac{1}{24}C_6H_{12}O_6 = \frac{1}{12}C_2H_5OH + \frac{1}{12}CO_2$$

$$\Delta G_r^{0\prime} = -10.17\ kJ/e^- \text{-}eq$$

이 결과를 통해 에너지 반응으로 얻을 수 있는 단위 전자공여체당 에너지량은 최종 전자수용체에 따라 크게 차이가 나는 것을 알 수 있다. 단위 전자공여체당 에너지 수득량이 많다는 것은 세포 합성 반응에 필요한 에너지를 공급하는 데 상대적으로 적은 양의 전자공여체가 필요하다는 것을 의미하며, 이는 다시 f_e^0 값이 적고 f_s^0 값이 크다는 것을 의미한다. 따라서 일반적으로 호기성 산화를 수행하는 미생물의 f_s^0 값은 황산염, 이산화탄소 등 다른 전자수용체를 사용하는 미생물이나 발효 미생물의 f_s^0 값보다 크다. f_s^0와 참수율 Y는 비례 관계에 있으므로 이 명제는 f_s^0 대신 Y를 대입하여도 성립한다.

일반적으로 미생물의 참수율이 높을수록 생장에서 경쟁 우위에 있으므로, 여러 최종 전자수용체가 모두 충분히 공급되는 조건이라면 산소를 이용하는 호기성 미생물이 경쟁 우위에 있게 된다. 어떤 시스템(하천, 호소, 지하수 등)에 유기성 오염물질이 과량으로 공급된다면, 호기성 미생물이 먼저 경쟁우위를 점하고 시스템 내의 산소를 빠른 속도로 소모하게 된다. 산소가 거의 모두 소모되면 호기성 미생물은 더 이상 생장할 수 없게 되고, 그 이후에는 질산이온을 최종 전자수용체로 사용하는 미생물이 우점하게 된다. 이러한 방식으로 시스템의 우점 미생물군이 시간에 따라 변화하게 되고, 시스템의 환경조건(용존산소 농도, 질산이온 농도, 황산이온 농도 등)도 변화하게 된다.

5 미생물 생장속도론과 반응조 해석의 기초

반응조 해석(reactor analysis)이라는 작업은 반응조 운전 조건과 환경조건의 변화(유입농도, 유입유량, 유출유량, 온도 등)에 따라 어떤 시간과 반응조 위치에서 우리가 관심을 갖고 있는 물질의 농도 또는 양이 어떠한지를 파악하는 것이다. 환경공학에 적용되는 생물반응조에서 가장 주된 관심사는 반응조를 통해 처리된 매질(예: 물) 내의 오염물질 농도 또는 반응조의 오염물질 제거효율일 것이다. 반응조의 오염물질 제거효율 R은 다음과 같이 표현된다.

$$R(\%) = \left(1 - \frac{C_e}{C_0}\right) \times 100 \tag{5-1}$$

여기서 C_e와 C_0는 각각 반응조 유출수와 유입수의 오염물질 농도이다.

몇 가지 주어진 반응조 형상 및 제원(예: 부피, 너비, 길이, 깊이, 유량) 선택지에서 반응조 해석을 할 수 있다면 해석의 결과가 가장 만족스러운 것을 선정할 수 있다(편의상 경제성을 포함한 다른 요소는 논외로 한다). 컴퓨터의 계산 성능 발달로 이제 비교적 해석이 간단한 반응조의 경우에는 거의 무한한 선택지를 놓고 최적의 것을 선정하는 것도 가능하다. 결국 이것이 공학적인 반응조 설계의 요령이 된다. 따라서 반응조를 해석할 수 있다면 반응조를 설계하는 것도 가능하다고 말할 수 있을 것이다.

반응조 해석을 위해서 우리는 반응조에서 일어나는 일을 수학적으로 표현해야 한다. 이 수학적 표현을 가능하게 하는 것은 반응 자체에 대한 수학적 모델링(예를 들어, 오염물질의 농도에 대한 1차반응식 또는 2차반응식)과 관심 대상 물질이나 매질에 대한 물질수지식(mass balance equation)이다. 이 장은 미생물의 생장과 오염물질의 분해반응을 표현하는 수학적 모델을 살펴보고, 반응조에서 물질수지를 수립하는 요령을 익혀 궁극적으로 수학적 모델을 반영한 물질수지식을 통해 생물반응조를 해석할 수 있는 능력을 함양하는 것을 목표로 한다.

5.1 미생물 생장속도론

앞선 제4장에서 살펴본 바와 같이, 우리는 감쇠(decay)를 고려하지 않은 특정한 미생물 생장반응 — 즉, 특정한 미생물 집단에 의해 특정한 종류의 기질 및 환경조건에서 일어나는 생장반응 — 에서 일정한 비율로 전자공여체가 제공하는 전자의 분배가 일어난다고 가정한다. 다시 말해, 특정한 미생물 생장반응에는 정해진 f_s^0와 f_e^0가 존재한다고 가정하며, 이로써 이 미생물 생장반응의 화학양론식을 특정할 수 있다. 따라서 미생물의 생장속도와 기질의 소모속도는 정비례 관계에 있다. 만약 이 기질이 우리가 제거하고자 하는 오염물질이라면 이는 미생물 생장속도를 통해 오염물질의 제거속도를 알 수 있다는 것을 의미한다. 이러한 사항을 전제로, 이 절에서는 미생물 반응조에서 일어나는 생화학적 반응의 속도를 알아보는 주요 변수로 미생물 바이오매스의 양을 채택하고, 미생물의 생장속도, 다시 말해 미생물 생장에 의한 바이오매스의 변화 속도를 수학적 모델로 표현하는 것으로부터 논의를 시작하고자 한다.

우리는 이미 Michaelis–Menten 식을 통하여 효소에 의한 생화학적 반응속도를 수학적으로 표현했다. 그러나 우리는 이 식의 주요 가정 중 하나인 "시스템 내의 총 효소 농도는 일정하다."가 미생물 반응조에서 성립하기 어려움을 잘 알고 있다. 미생물 반응조에서 미생물 바이오매스량의 증감이 일어난다면 Michaelis–Menten 식의 가정은 성립할 수 없다. 이러한 고찰을 통해서도 미생물 반응조에서 일어나는 생화학적 반응을 미생물 바이오매스의 양을 변수로 하여 표현하고, 미생물 생장속도 모델을 바탕으로 생화학적 반응속도 모델을 도출하여야 한다는 것을 유추할 수 있다.

미생물의 생장속도에는 어떤 한계점이 존재할 것이다. 미생물 세포가 영양분[미생물 생장속도론에서는 주로 기질(substrate)이라는 용어를 사용한다]으로부터 에너지와 원료 물질을 얻어 세포를 구성할 고분자 물질을 합성하고 그것을 고도로 조직화된 세포로 만들며 유전정보를 복제하는 일이 순식간에 일어날 수는 없다. 일례로, 대장균(Escherichia coli)의 배가시간(doubling time)은 약 20분으로 알려져 있다. 이 값은 대장균의 생장에 필요한 영양분이 모두 충분히 공급되었을 때의 시간이다. 다른 측면에서 이를 다시 기술하면, 실제 주어진 반응조 조건에서의 미생물 생장속도는 최대 생장속도보다 느릴 수 있으며, 최대 생장속도보다 실제 생장속도가 얼마나 늦어지냐는 생장에 필요한 영양분의 공급 수준에 달려 있다. 어떤 시스템에서 미생물 생장속도에 영향을 미칠 정도로 적은 농도로 존재하는 기질을 제한기질(limiting substrate)이라고 하며, 미생물 생장속도는 이 제한기질 농도의 함수이다. 따라서 제한기질의 농도 또한 미생물 생장속도 모델의 주요 변수가 된다.

프랑스의 생화학자 Jacques Monod(1910~1976)는 미생물 생장속도를 다음의 경험식으로 나타낼 것을 제안하였는데, 이 식은 현재까지 미생물 반응조에서 미생물 생장속도를 나타내는 식으로 가장 널리 사용되고 있다.

$$\mu_{syn} = \frac{1}{X_a}\left(\frac{dX_a}{dt}\right)_{syn} = \hat{\mu}\frac{S}{K+S} \tag{5-2}$$

여기서, μ_{syn} = 미생물 비생장속도[T^{-1}]

X_a = 활성 미생물 농도[$M_x \cdot L^{-3}$]

$\hat{\mu}$ = 미생물 최대 비생장속도[T^{-1}]

S = 제한기질 농도[$M_s \cdot L^{-3}$]

K = 반포화상수[$M_s \cdot L^{-3}$]이다.

실제 현장 또는 실험실에서 미생물 반응조를 운전할 때 측정하는 미생물 바이오매스 농도에는 사멸한 미생물의 잔여물(debris), 유입수로부터 유래한 유기물 입자 등의 기여분이 포함될 수 있다. 이러한 물질을 제외한 살아 있는 미생물을 나타내기 위하여 “활성 미생물”이라는 용어를 사용한다.

Monod 식[식 (5-2)]을 통하여 미생물의 생장속도는 (활성) 미생물의 농도와 제한기질의 농도를 주요 변수로 하여 표현된다는 것을 확인할 수 있다. 또한, 미생물의 비생장속도(즉, 현재 미생물 농도 대비 농도 증가량)는 Michaelis-Menten 식과 유사한 포화 형태(saturation type)의 속도식으로 표현된다는 것을 알 수 있다. 제한기질의 농도가 커지면 비생장속도는 최대 생장속도에 수렴한다. 이는 이 기질이 더 이상 제한기질로 작용하지 않는다는 것을 의미한다. 또한, 당연하게도, Monod 식의 반포화상수는 비생장속도가 최대 생장속도의 1/2이 되는 제한기질의 농도와 같다.

환경공학에 적용되는 생물학적 처리공정에서 대부분의 경우 반응조에서 제거하고자 하는 오염물질은 곧 반응조에서 생장하는 미생물의 기질이 된다. 미생물 생장과 기질의 소모(또는 제거)의 상관관계는 이미 4장에서 다룬 바 있다. 참수율(true yield, Y)은 미생물의 생장반응에서 기질의 소모량 대비 미생물 바이오매스의 증가량으로 정의된다. 따라서 미생물의 생장속도에 참수율의 역수를 곱하면 기질의 소모속도 r_{ut}를 얻을 수 있다.

$$r_{ut} = \frac{dS}{dt} = -\frac{1}{Y}\left(\frac{dX_a}{dt}\right)_{syn} = -\frac{\mu_{syn}}{Y}X_a = -\frac{\hat{\mu}}{Y}\frac{S}{K+S}X_a \tag{5-3}$$

또는, $\hat{q} = \hat{\mu}/Y$를 단위 미생물당 최대기질소모율로 정의하여

$$r_{ut} = -\frac{\hat{q}S}{K+S}X_a \tag{5-4}$$

를 얻는다. 기질의 소모에 따라 농도 S는 시간에 따라 감소하므로 식 (5-3)으로 정의한 r_{ut}는 음의 값을 갖는다.

실제 미생물량의 증감을 수학적으로 표현하기 위해서는 감쇠를 포함시켜야 한다. 4장에서 논의한 바와 같이 감쇠는 활성 미생물량에 비례하는 것으로 가정한다.

$$\left(\frac{dX_a}{dt}\right)_{decay} = -bX_a \tag{5-5}$$

비생장률의 형태로 표현하면 다음과 같다.

$$\mu_{dec} = \frac{1}{X_a}\left(\frac{dX_a}{dt}\right)_{decay} = -b \tag{5-6}$$

여기서, μ_{dec} = 감쇠에 의한 비생장률 [T^{-1}]

b = 감쇠계수 [T^{-1}]이다.

식 (5-2)와 (5-6)을 결합하면 미생물의 순비생장속도(net specific growth rate)를 얻을 수 있다.

$$\mu = \frac{1}{X_a}\frac{dX_a}{dt} = \mu_{syn} + \mu_{dec} = \hat{\mu}\frac{S}{K+S} - b \tag{5-7}$$

여기서, μ = 미생물 순비생장속도[T^{-1}]이다.

이로써 생물반응조 해석의 주요 변수인 제한기질과 미생물량에 대한 반응속도식을 모두 얻었다. 종합하면 다음과 같다.

$$r_{ut} = \frac{dS}{dt} = -\frac{\hat{q}S}{K+S}X_a \tag{5-8}$$

$$r_{net} = \frac{dX_a}{dt} = Y\frac{\hat{q}S}{K+S}X_a - bX_a \tag{5-9}$$

여기서 r_{net} = 미생물 순생장속도(net biomass growth rate)[$M_x \cdot T^{-1}$]이다.

[표 5-1] f_s^0, Y, $\hat{q}$, $\hat{\mu}$의 일반적인 범위

미생물 종류	전자공여체	전자수용체	탄소원	f_s^0	Y^*	$\hat{q}$	$\hat{\mu}$
호기성, 종속영양세균	탄수화물	O_2	BOD	0.7	0.49g VSS/g BOD_L	27g BOD_L/g VSS-d	$13.2d^{-1}$
	기타 BOD	O_2	BOD	0.6	0.42g VSS/g BOD_L	20g BOD_L/g VSS-d	$8.4d^{-1}$
탈질세균	BOD	NO_3^-	BOD	0.5	0.25g VSS/g BOD_L	16g BOD_L/g VSS-d	$4d^{-1}$
	H_2	NO_3^-	CO_2	0.2	0.81g VSS/g H_2	1.25g H_2/g VSS-d	$1d^{-1}$
	S(s)	NO_3^-	CO_2	0.2	0.15g VSS/g S	6.7g S/g VSS-d	$1d^{-1}$
질산화 독립영양세균	NH_4^+	O_2	CO_2	0.14	0.34g VSS/g NH_4^+-N	2.7g NH_4^+-N/g VSS-d	$0.92d^{-1}$
	NO_2^-	O_2	CO_2	0.10	0.08g VSS/g NO_2^- -N	7.8g NO_2^- -N/g VSS-d	$0.62d^{-1}$
메탄생성고균	아세트산	아세트산	아세트산	0.05	0.035g VSS/g BOD_L	8.4g BOD_L/g VSS-d	$0.3d^{-1}$
	H_2	CO_2	CO_2	0.08	0.45g VSS/g H_2	1.1g H_2/g VSS-d	$0.5d^{-1}$
황산화 독립영양세균	H_2S	O_2	CO_2	0.2	0.28g VSS/g H_2S-S	5g S/g VSS-d	$1.4d^{-1}$
황산환원세균	H_2	SO_4^{2-}	CO_2	0.05	0.28g VSS/g H_2	1.05g H_2/g VSS-d	$0.29d^{-1}$
	아세트산	SO_4^{2-}	아세트산	0.08	0.057g VSS/g BOD_L	8.7g BOD_L/g VSS-d	$0.5d^{-1}$
발효세균	당류	당류	당류	0.18	0.13g VSS/g BOD_L	9.8g BOD_L/g VSS-d	$1.2d^{-1}$

* Y는 VSS 조성을 $C_5H_7O_2N$, 질소원은 NH_4^+로 하여 산정함. 단, 전자공여체로 NO_3^-를 사용하는 경우에는 질소원을 NO_3^-로 함.

출처: Rittmann, B. E. and McCarty, P. L. 2001. *Environmental Biotechnology: Principles and Applications*. McGraw-Hill.

5.2 반응조 해석의 기초

생물반응조에서 일어나는 미생물 생장의 형태에는 부유식 생장(suspended growth)과 부착식 생장(attached growth)이 있다.

부유식 생장이 일어나는 생물반응조를 단순화하여 나타낼 때 두 가지 주요 사항을 확인하는데, 하나는 혼합의 형태이고, 다른 하나는 유입·유출 흐름이다. 혼합의 형태에는 크게 완전 혼합(completely mixed)과 압출류형 흐름(plug flow)의 두 가지의 이상적인(또는 극단적인) 유형이 있으며, 실제로는 어떤 반응조도 이 두 유형 중 하나를 완벽하게 따른다고 보기는 어렵고, 다소간 오차가 있을 수밖에 없다. 그러나 반응조가 일정한 조건을 만족한다면 둘 중 하나의 혼합 형태를 가정하여 반응조 해석을 진행한 결과가 실제 결과를 충분히 재현해낼 수 있다. Completely mixed는 용어 그대로 반응조 내의 물질이 완전히 혼합되어 반응조의 어떤 부분에서 채취한 시료도 동일한 농도를 나타내는 상태를 의미한다. Plug flow는 특정한 방향의 흐름이 존재하는 반응조에서 흐름 진행 방향으로 분산, 확산 등에 의한 물질 교환이 전혀 일어나지 않는 혼합 형태를 가리킨다. 일반적으로 압출류형 흐름을 가정하는 반응조에서 흐름 진행의 직각 방향은 완전 혼합이 일어난다고 가정한다. 유입·유출 흐름에 따른 구분은 반응조에 연속적으로 들어오고 나가는 흐름이 존재하여 흐름이 존재하는 상태에서 반응이 일어나는 것과 유입·유출 흐름이 단절된 상태에서 반응이 일어나는 것으로 나눌 수 있다. 전자에는 시간에 따른 유량의 변동이 존재하는 경우가 많으나, 논의의 간결성을 위해 이 책에서는 유량의 변동 없이 일정한 경우로 한정하기로 한다.

반응조 해석의 과정은 다음의 세 단계를 기억하면 편리하다.

1) 해석하고자 하는 반응조 시스템의 개요도를 그리고 필요한 가정을 수립한다. 수립한 가정에 입각하여 개요도에 유체(예: 물)의 흐름 방향, 제원(예: 부피, 길이, 너비, 깊이 유량)과 물성값(예: 농도) 등의 정보를 기호 또는 수치로 기입한다. 목적에 맞는 적절한 시스템 경계(system boundary 또는 control volume)를 선택하고 이를 개요도에 표시한다.
2) 선택한 시스템(control volume)에 대한 물질수지식을 수립한다. 일반적으로 물질수지식은 시간당 질량 단위로 나타내며 다음과 같이 쓸 수 있다.

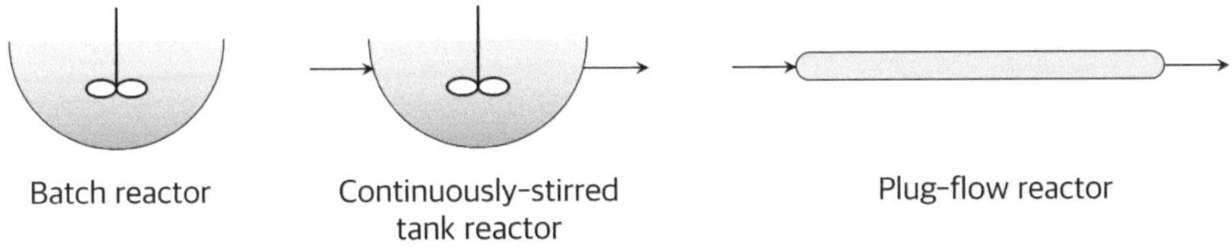

[그림 5-1] 이 장에서 논의할 반응조의 세 가지 형태

$$
\begin{aligned}
&(\text{시스템에 축적되는 시간당 질량}) \\
&= (\text{시스템에 유입되는 시간당 질량}) \\
&\quad - (\text{시스템으로부터 유출되는 시간당 질량}) \\
&\quad + (\text{시스템 내에서 생성되는 시간당 질량})
\end{aligned} \tag{5-10}
$$

3) 수학적 방법으로 작성한 물질수지식을 풀거나 재배열하여 유용한 형태(예: 유출수 농도나 반응조의 제거효율에 대한 식)로 표현한다.

식 (5-10)에서 우변의 마지막 항에는 다양한 프로세스가 해당될 수 있는데, 반응조에서 일어날 수 있는 대표적인 프로세스는 (당연히) 생화학적·화학적 반응이다. 이외에 휘발, 침전, 용해 등의 프로세스도 이 항에 포함될 수 있다. 해당하는 프로세스가 물질을 소멸시키는 방향으로 일어나면 이 항은 음의 부호를 갖는다. 식 (5-10)과 같은 물질수지식의 모든 항은 동일한 개념의 물질을 동일한 척도와 단위로 표현해야 하며, 서로 다른 개념의 물질에 대해서는 각각 별도의 질량수지식을 수립해야 한다는 것에 유념한다. 예를 들어, 미생물량에 대한 질량수지식과 제한기질에 대한 질량수지식은 각각 별도로 수립해야 한다. 또한, 제한기질에 대한 질량수지식의 각 항은 동일한 척도와 단위를 사용해야 하며, 주어진 수치의 척도나 단위가 다를 때에는 적절한 계수를 적용하여 변환하여야 한다. 예를 들어, 어떤 용존상 제한기질의 농도가 BOD·L^{-1}와 mg substrate·L^{-1}로 혼용하여 주어졌다면 둘 중 하나의 단위로 그 값을 변환하여 물질수지식 작성에 사용하여야 한다.

5.2.1절, 5.2.2절, 5.2.3절에서는 각각 completely-mixed batch reactor(CMBR), plug flow reactor(PFR), continuously-stirred tank reactor(CSTR, 또는 completely-mixed flow reactor)에 위 3단계 방법을 적용하여 반응조 해석을 시도한다. 5.2절의 목적은 반응조 해석의 기초를 소개하는 데 있으므로, 가장 단순한 반응 조건 중 하나인 1차 화학반응을 가

정하여 반응조 해석을 진행한다. 식 (5-8), (5-9)의 반응이 일어나는 미생물 생장 반응조의 해석은 이어지는 5.3절에서 다룬다.

5.2.1 1차 화학반응이 일어나는 completely-mixed batch reactor

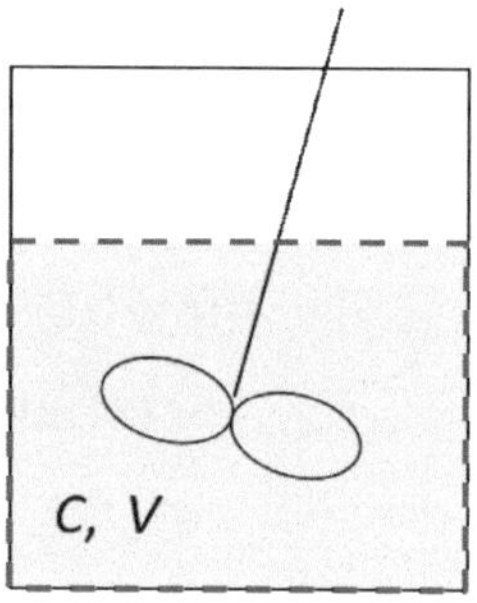

[그림 5-2] CMBR의 개요도와 control volume 설정(빨간 점선)

이 반응조의 개요도는 그림 5-2와 같이 매우 간단하게 표현할 수 있다. 반응조를 통해 1차 반응의 형태로 화학적인 분해반응이 일어나는 어떤 물질을 가정하자. 반응조의 내용물이 잘 혼합되어 모든 부분에서 이 물질의 농도가 동일하므로 단일 농도 C로 표현이 가능하다. 반응조의 부피를 V로 표현한다. Control volume은 이 반응조 자체로 설정하는 것이 가장 직관적이고 편리하다(사실 이 경우에는 반응조 내부의 그 어떤 일부를 control volume으로 설정하여도 결과가 달라지지 않는다). 반응조 가동 시작 시점($t=0$)에서 물질의 농도를 C_0로 표현한다.

두 번째 단계로 control volume에 대한 물질수지를 수립한다. CMBR의 경우 식 (5-10) 우변의 첫 두 항, 즉 control volume에 유입되거나 그로부터 유출되는 질량은 존재하지 않는다. Control volume 내부의 물질 질량은 농도 C와 부피 V의 곱으로 표현할 수 있다. 1차 화학반응의 수학적 표현은 아래와 같다.

$$\left(\frac{dC}{dt}\right)_{reaction} = -kC \tag{5-11}$$

여기서 k는 1차 반응 상수이다. 식 (5-11)은 시간에 따른 농도 변화를 나타낸 것으로 양변의 차원은 $[M \cdot L^{-3} \cdot T^{-1}]$이다. 따라서 $[M \cdot T^{-1}]$의 차원을 갖는 물질수지식의 반응항을 얻기 위해 여기에 부피 V를 곱해주어야 함을 알 수 있다. 위의 고찰을 모두 종합하여 물질수지식을 나타내면 아래와 같다.

$$V\frac{dC}{dt} = -kCV$$

또는 다음과 같다.

$$\frac{dC}{dt} = -kC \quad (5\text{-}12)$$

이제 마지막 단계로 식 (5-12)를 우리가 원하는 형태로 변환한다. 아마 이 반응조에서 가장 핵심적인 관심 사항은 시간에 따라 반응조 내의 물질 농도가 어떻게 변화하느냐 하는 것일 것이다. 따라서 C를 시간의 함수로 나타내도록 한다. 식 (5-12)를 이항한 후 설정된 초기조건($t=0$일 때 $C=C_0$)을 활용하여 정적분을 실시하면 다음과 같다.

$$\frac{dC}{C} = -kdt$$

$$\int_{C_0}^{C} \frac{1}{C} dC = -k \int_0^t dt$$

$$C = C_0 \cdot e^{-kt} \quad (5\text{-}13)$$

5.2.2 1차 화학반응이 일어나는 plug flow reactor

유입 유량과 유출 유량이 동일하고[즉, 반응조 내에서 유체의 부피가 변화하는 기작(증발, 압축 등)이 일어나지 않고] 유량, 유입농도, 반응조건(온도 등)이 시간에 관계없이 일정한 PFR을 생각해보자. 그러면 이 PFR의 각 지점에서의 농도는 시간에 관계없이 일정할 것이다. 즉, 이 PFR은 정상상태(steady state)에 있다.

앞서 PFR에서는 흐름의 진행 방향으로 혼합이 일어나지 않으며, 일반적으로 흐름 진행의 직각 방향으로는 완전한 혼합이 일어난다고 가정하였다. 이 가정을 잘 음미해보면, PFR은 CMBR이 흐름 방향으로 유체의 흐름과 동일한 속도 v로 진행하는 상태와 수학적으로 다르지 않다는 것을 알 수 있다. 이 "흐름 방향으로 진행하는 CMBR"은 PFR의 단면과 그 단면이 동일하되 그 두께가 매우 얇은 판과 같은 형태여야 한다(그림 5-3). 흐름의 진행 방향으로는 혼합이 일어나지 않고 흐름 진행의 직각 방향으로는 완전한 혼합이 일어난다는 가정이 지켜져야 하기 때문이다.

이러한 가정은 일견 현실성이 매우 떨어지는 것으로 보일 수 있으나, 흐름 방향의 길이가 흐름 직각 방향의 길이(너비와 높이)보다 훨씬 큰 반응조와 수체, 시설 등에서 유효한 가정이 될 수 있다. 이러한 가정을 만족할 가능성이 높은 것들로는 하천, 수로, 파이프 등이

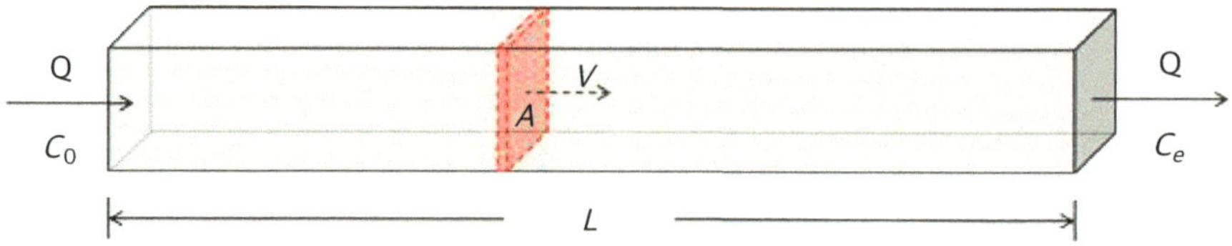

[그림 5-3] PFR의 개요도와 control volume 설정(빨간 점선)

있으며, 정수장의 소독조 등도 PFR에 가까운 반응조 조건이 달성될 수 있도록 설계한다.

반응조 해석을 다루는 교과서에서는 대부분 PFR의 수학적 해석 방법을 별도로 논하고 있다. 그러나 위에서 검토한 PFR 가정의 본질적 특성(수학적으로 이동하는 얇은 판의 CMBR과 동일)을 이용하면 CMBR에 대해 획득한 결과를 PFR 해석에 바로 활용할 수 있으며, 별도의 풀이가 요구되지 않는다. 일반적으로 반응조 해석과 설계에서 가장 큰 관심사가 되는 것은 유출수 농도 또는 처리효율(이 또한 유입수와 유출수 농도의 함수임)이므로 여기에서는 CMBR의 해를 이용하여 PFR의 유출수 농도를 결정하는 방법을 소개한다.

PFR의 유입부 전단에서 이동을 시작하는 이 얇은 판의 CMBR의 초기 농도는 유입수 농도 C_0이며, 이 얇은 판의 유입 시점으로부터 유출 시점까지 반응에 주어지는 시간 θ, 다시 말해서 반응조의 체류시간은 반응조의 길이 L을 흐름 속도 v로 나눈 것과 같다. PFR의 부피 V와 길이의 관계, v와 유입·유출 유량 Q의 관계를 이용하면 다음을 알 수 있다.

$$\theta = \frac{L}{v} = \frac{L \times A}{v \times A} = \frac{V}{Q} \tag{5-14}$$

식 (5-13)에 시간 θ를 대입하면 1차 화학반응이 일어나는 steady state PFR에서 유출수 농도 C_e는 다음과 같이 표현된다.

$$C = C_0 \cdot e^{-k\theta} \tag{5-15}$$

반응속도를 나타내는 수학적 모델이 1차화 학반응식이 아닌 그 어떤 형태의 식일지라도 CMBR을 t 시간 운전한 후의 잔류농도를 구하는 해를 구한 후 t를 θ로 치환하여 이상적인 PFR의 유출수 농도를 구하는 해를 작성할 수 있다.

5.2.3 1차 화학반응이 일어나는 continuously-stirred tank reactor

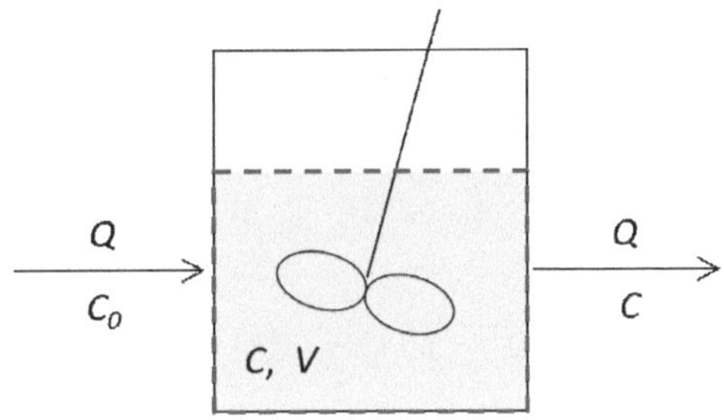

[그림 5-4] CSTR의 개요도와 control volume 설정 (빨간 점선)

이 책에서의 CSTR 해석은 steady state에 한정하여 진행한다. 이 조건은 유입 유량과 유출 유량이 동일하고 유량, 유입농도, 반응조건(온도 등)이 시간에 관계없이 일정하며, 이렇게 시간 변동성이 없는 조건에서 충분한 시간이 가동되어 반응조 내부의 물질 농도와 유출수의 농도가 일정한 값에 수렴했을 때 나타난다. 다르게 말하면, 모든 조건이 시간에 관계없이 일정하게 유지될 때 CSTR은 점진적으로 steady state 조건에 도달하게 되며, 그 이전까지는 시간에 따라 반응조 내부의 물질 농도와 유출수의 농도가 변화하는 과도상태(transient state)에 있다. 앞서 논의한 반응조 해석의 일반적인 과정과 이어지는 5.3절에서 소개하는 수치해석 방법을 활용하면 과도상태에 있는 CSTR의 해석도 그리 어렵지 않게 실시할 수 있다. 과도상태의 CSTR의 해석에 대한 보다 자세한 사항은 반응조 해석을 중점적으로 다루는 교과서들을 참고하도록 한다.

첫 번째 단계로 해석 대상 CSTR의 개요도를 그린다(그림 5-4). CMBR과 동일하게 CSTR에서도 반응조 전체를 control volume으로 설정한다. CSTR의 내용물은 완전히 혼합되어 있기 때문에 CSTR 내 물질 농도는 단일값 C로 나타낼 수 있으며 유출수의 물질 농도 또한 이와 동일하다. 두 번째로 control volume에서의 물질수지식을 수립한다. 이 control volume에는 유입과 유출이 존재한다는 것에 유의하자. 물질수지식은 다음과 같이 쓸 수 있다.

$$V\frac{dC}{dt} = QC_0 - QC - kCV \tag{5-16}$$

Steady state를 가정하므로 시간에 따른 농도 변화는 발생하지 않는다(즉, $dC/dt = 0$). 따라서 다음의 식이 도출된다.

$$0 = QC_0 - QC - kCV \tag{5-17}$$

마지막으로 식 (5-17)의 물질수지식을 우리가 원하는 형태로 변환한다. 우리의 주요 관심사는 steady state에서의 반응조 내부 농도이자 유출수 농도인 C이며, 식 (5-17)을 통해 어렵지 않게 C에 대한 다음 식을 얻을 수 있다.

$$C = \frac{C_0}{1 + k\theta} \tag{5-18}$$

여기서 θ는 V/Q와 같으며, 시간의 단위를 가진다. 이는 PFR에서의 반응조 체류시간과 같다[식 (5-14)].

5.2.4 수리학적 체류시간

앞선 5.2.2절과 5.2.3절에서, PFR과 CSTR 모두에 대하여 반응조 부피 V [L^3]를 유입 및 유출 유량 Q [$L^3 \cdot T^{-1}$]로 나눈 값을 θ [T]라는 매개변수로 표현하였다. 식 (5-14)를 통해 우리는 $\theta = V/Q$가 PFR에 유입되는 유체가 그 PFR에 체류하는 시간을 가리킨다는 것을 알 수 있다. PFR의 이상적인 가정에 따라 PFR에 유입되는 모든 유체입자(예: 물 분자)는 흐름 방향의 혼합 없이 일정한 속도로 진행하므로 모든 유체입자의 체류시간은 동일하게 θ의 값을 갖는다.

반면, CSTR에 유입되는 유체입자는 동일한 체류시간을 갖지 않으며, 어떤 분포를 띠게 된다. CSTR에 존재하는 유체입자가 어떤 시점에 반응조로부터 유출될 확률은 모든 유체입자에 대해 동일하며, 따라서 이 확률은 당연히 유체입자가 이 반응조에 체류해온 시간과 관련이 없다. 이는 구슬 주머니에서 무작위로 어떤 구슬을 뽑는 것과 같은 이치이다. 다시 말해, 어떤 시점에서 CSTR에 매우 오래 머무른 유체입자와 막 CSTR에 유입된 유체입자의 유출 확률은 완전히 동일하므로, CSTR에서 유출되는 유체입자의 반응조 체류시간은 일정할 수 없으며 어떠한 분포를 갖게 된다.

CSTR에서 유체입자의 체류시간 분포와 그 평균값을 알기 위해 다음을 가정하자. 어떤 시점 $t = 0$에 빈 CSTR을 농도 C_i의 보존성[3] 물질을 함유한 수용액으로 부피 V만큼 채운

3) 보존성(conservative)은 화학적·생물학적으로 반응하거나 흡착·휘발 등이 일어나지 않고 유체(예: 물)에 용존된 상태를 유지함을 뜻하며, 이러한 특성에 따라 보존성 물질의 거동은 유체의 거동과 동일하게 된다.

다(이러한 물질 투여 방식을 slug input이라 한다). 따라서 $t=0$ 시점에서 이 CSTR에 있는 모든 유체입자의 체류시간은 0이다. $t \geq 0$에서 CSTR에 보존성 물질의 농도가 0인($C_0=0$) 유입수가 Q의 유량으로 유입되고, 유출수가 역시 유량 Q로 발생한다. 유입되는 보존성 물질은 존재하지 않고 보존성 물질은 반응하지 않으므로 CSTR에서 다음의 물질수지식이 성립한다.

$$V\frac{dC}{dt}=-QC \tag{5-19}$$

식 (5-19)를 이항하고 정리한 후 정적분을 실시하면 다음과 같다.

$$\frac{dC}{C}=-\frac{dt}{\theta}$$

$$\int_{C_i}^{C}\frac{1}{C}dC=-\frac{1}{\theta}\int_0^t dt$$

$$\ln\frac{C}{C_i}=-\frac{t}{\theta}$$

$$C=C_i e^{-t/\theta} \tag{5-20}$$

즉, 시간에 따른 유출수 농도 변화는 그림 5-5와 같이 나타난다. 이 농도 변화 곡선의 형태는 유체입자의 반응조 체류시간 분포곡선의 형태와 같다.

어떤 시점 t에 CSTR로부터 유출되는 보존성 물질의 체류시간은 t와 같으며, dt가 매우 작을 때 시점 t부터 $t+dt$의 시간 동안 유출되는 물질의 양은 $QC\cdot dt$로 표현된다. 다시 말해, CSTR에서의 체류시간이 t부터 $t+dt$인 보존성 물질의 양은 $QC\cdot dt$이다. 또한, CSTR에 투여한 보존성 물질의 총량은 VC_0로 표현된다. 따라서 평균 체류시간 τ는 식 (5-21)로 계산할 수 있다.

$$\tau=\frac{\int_0^\infty (t\cdot QC)dt}{VC_0} \tag{5-21}$$

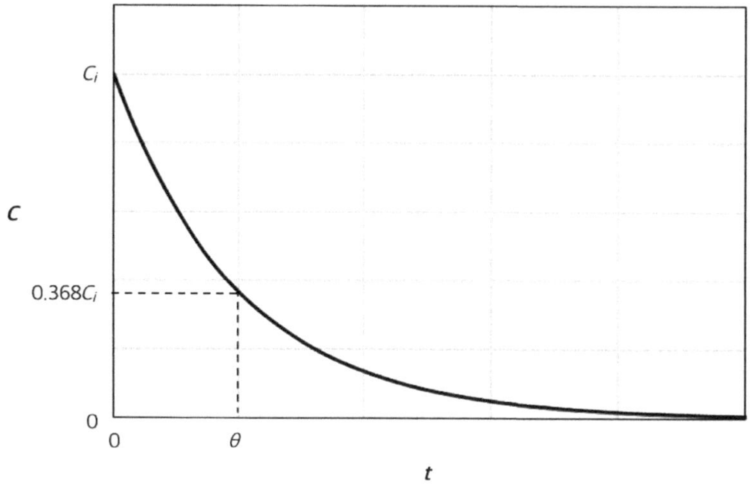

[그림 5-5]
CSTR에 slug input 방식으로 투여한 보존성 물질의 시간에 따른 유출수 농도 변화

식 (5-21)에 식 (5-20)을 대입하고 정리하면 다음과 같다.

$$\tau = \int_0^\infty \left(\frac{t}{\theta} e^{-t/\theta}\right) dt \qquad (5\text{-}22)$$

위 적분식을 풀면 아래와 같다.

$$\tau = \theta \qquad (5\text{-}23)$$

따라서 CSTR에서 유체입자의 평균 체류시간은 θ와 같다.

종합하면, PFR에 유입된 모든 유체입자는 반응조에 동일한 시간 머무르는 반면, CSTR에 유입된 유체입자는 특정한 체류시간 분포를 갖는데, 그 분포 형태는 그림 5-5와 같다. 동일한 부피 대 유량비를 갖는 PFR과 CSTR의 경우 유입된 유체입자의 평균 체류시간은 $\theta = V/Q$로 동일하다.

유입 및 유출 유량이 동일하고 시간에 따른 변동 없이 일정하며, 반응조에서 일어나는 물의 증감(예: 증발)을 무시 가능하고, 반응조의 부피 V가 흐름이 일어나는 유효부피를 나타낸다면, 유입 및 유출 흐름이 있는 모든 수처리 반응조에서 평균 체류시간을

$$\theta = V/Q \qquad (5\text{-}24)$$

로 표현할 수 있다. 이 값을 우리는 **수리학적 체류시간**(hydraulic retention time, HRT)이라 부른다.

5.2.5 Plug flow reactor와 continuously-stirred tank reactor 비교

1차 반응이 일어나는 steady state PFR과 CSTR에서 도출한 식 (5-13)과 (5-18)을 수리학적 체류시간 θ와 유입수 오염물질 농도에 대한 유출수 오염물질 농도비 C_e/C_0의 평면에 도시하면 그림 5-6과 같다. 그림 5-6을 통해 동일한 수리학적 체류시간에서 PFR이 CSTR보다 낮은 C_e/C_0 값을 가지며, 동일한 C_e/C_0 값을 얻기 위한 수리학적 체류시간은 PFR이 CSTR보다 짧다는 것을 알 수 있다.

식 (5-1)에 제시된 바와 같이, 수질 정화를 위한 흐름형 반응조에서 오염물질의 제거효율은 $R=[1-(C_e/C_0)]\times 100(\%)$로 표현된다. 수리학적 체류시간 θ는 단위유량당 부피를 나타낸다. 어떤 수리학적 체류시간 θ에 대해 유입수 오염물질 농도에 대한 유출수 오염물질 농도비 C_e/C_0가 작다는 것은 주어진 유량 Q의 조건에서 동일한 반응조 부피 V로 더 높은 제거효율을 얻을 수 있다는 것을 의미한다. 또한, 어떤 C_e/C_0를 얻는 데 요구되는 수리학적 체류시간이 짧다는 것은 주어진 유량 조건에서 더 작은 부피로 동일한 오염물질 제거효율을 얻을 수 있다는 것을 의미한다. 따라서 오염물질 제거효율 측면에서 PFR은 CSTR보다 높은

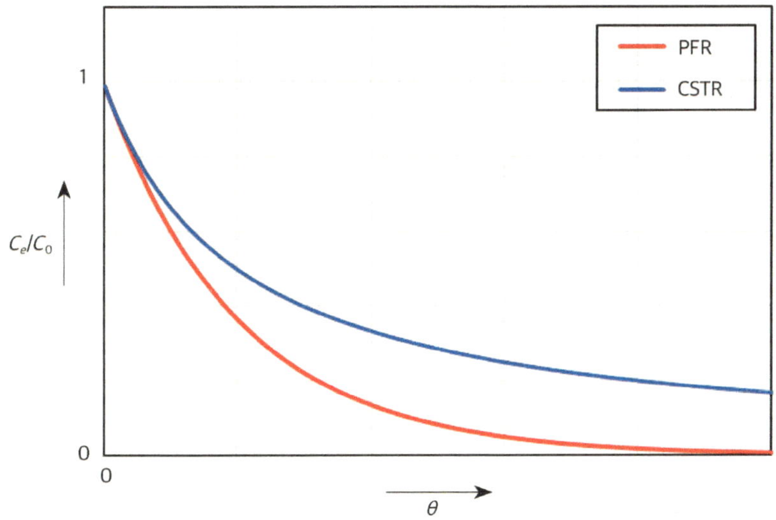

[그림 5-6]
1차 반응이 일어나는 PFR과 CSTR의 성능 비교

성능을 발휘한다고 할 수 있다.

동일한 수리학적 체류시간 조건에서 PFR이 CSTR보다 우수한 제거효율을 보이는 것은 비단 1차 반응에만 국한된 사실은 아니다. 반응속도가 반응물질 농도의 함수로 표현되는 모든 반응(즉, 0차반응을 제외한 반응)에서 PFR은 CSTR보다 제거효율이 높다. 이러한 이유는 다음과 같이 개념적으로 해석 가능하다. 앞서 논의한 바와 같이 이상적인 PFR에서 유입되는 모든 유체입자는 동일한 시간 동안 반응조에 체류한다. 따라서 어떤 PFR이 반응이 유의하게 일어날 만큼의 체류시간 $\theta = V/Q$를 제공한다면 유입되는 모든 유체에 용해된 물질은 반응이 유의하게 일어날 수 있는 시간을 부여받는다. 그러나 CSTR에서는 늘 일부의 유체입자가 반응조에 유입된 이후 거의 즉각적으로 유출되며, 이렇게 즉각적으로 유출되는 유체입자에 용해된 물질은 반응이 유의하게 일어날 수 있는 시간을 부여받지 못한다. 이러한 CSTR의 특성을 통해 추가적으로 유추할 수 있는 것은, CSTR에서는 매우 높은 제거효율을 얻기가 매우 힘들다는 것이다. CSTR에 유입되었다가 즉각적으로 유출되는 분획이 제거효율에 주는 부담은 CSTR의 목표 제거효율이 높을수록 커지기 때문이다. 그림 5-6과 예제 5-1로부터 목표 제거효율이 높을수록 PFR과 CSTR에서 요구되는 수리학적 체류시간의 차이가 커진다는 것을 확인할 수 있다.

[예제 5-1] 동일한 유량의 유입수로부터 1차 반응에 의해 분해되는 물질 A를 1) 50%, 2) 90%, 3) 99%, 4) 99.9% 제거하는 데 필요한 steady state CSTR 반응조의 부피(V_{CSTR})와 steady state PFR 반응조의 부피(V_{PFR})의 비(V_{CSTR}/V_{PFR})를 각각 구하시오.

▸ 풀이

1차 반응의 경우 CSTR은 $C/C_0 = 1/(1+k\theta)$, PFR은 $C/C_0 = e^{-k\theta}$이다. 이를 CSTR과 PFR의 수리학적 체류시간 θ_{CSTR}, θ_{PFR}에 대한 함수로 표현하면 다음과 같다.

$$\theta_{CSTR} = \frac{1}{k}\left(\frac{1}{C/C_0} - 1\right)$$

$$\theta_{PFR} = -\frac{1}{k}\ln(C/C_0)$$

유입수 유량이 동일할 때 CSTR과 PFR의 부피비는 수리학적 체류시간의 비와 같다.

$$\frac{V_{CSTR}}{V_{PFR}} = \frac{\theta_{CSTR}}{\theta_{PFR}} = \frac{1-1/(C/C_0)}{\ln(C/C_0)} \quad \frac{V_{CSTR}}{V_{PFR}} = \frac{\theta_{CSTR}}{\theta_{PFR}} = \frac{1-1/(C/C_0)}{\ln(C/C_0)}$$

1) 50%

$$\frac{V_{CSTR}}{V_{PFR}} = \frac{1-1/0.5}{\ln 0.5} = 1.44$$

2) 90%

$$\frac{V_{CSTR}}{V_{PFR}} = \frac{1-1/0.1}{\ln 0.1} = 3.91$$

3) 99%

$$\frac{V_{CSTR}}{V_{PFR}} = \frac{1-1/0.01}{\ln 0.01} = 21.5$$

4) 99.9%

$$\frac{V_{CSTR}}{V_{PFR}} = \frac{1-1/0.001}{\ln 0.001} = 145$$

제거효율의 측면에서 PFR이 가지는 이점에도 불구하고, 생물반응조는 PFR보다 CSTR에 가까운 방식으로 구현되는 경우가 많다. 그 주요한 이유는 다음과 같다. 첫째, CSTR은 미생물 생장을 저해하는 독성물질의 농도를 희석하고 유입수 유량과 농도의 시간에 따른 변화폭을 완화하여 반응조가 안정적으로 작동하도록 한다. 둘째, 호기적 생분해의 경우 산소를 공급하여야 하는데, PFR은 이 공급량을 최적화하기가 쉽지 않다. PFR은 반응조 후단으로 갈수록 오염물질 농도와 오염물질 분해속도가 모두 감소하고, 이에 따라 호기 조건을 유지하기 위해 필요한 산소 요구량도 감소하는데, 반응조 위치에 따라 변화하는 산소 요구량을 적절하게 맞추기가 쉽지 않다. 이것은 유입수 유량과 농도가 시간에 따라 변화할 경우 특히 그러하다. 셋째, 대부분의 생물반응조에서는 후단에 침전조를 배치하고 침전된 미생물을 생물반응조로 반송하게 되는데, 이 경우 CSTR 방식으로도 상당 수준의 제거효율을 달성할 수 있다. 이 점에 대해서는 이 장의 후반부에서 다룬다. 넷째, 부유상 생장 생물반응조에서는 산소 공급장치 또는 미생물의 부유 상태 유지를 위한 교반장치의 작동에 따라 물질 혼합이 활발하게 일어난다. 따라서 폭과 깊이에 비해 길이가 매우 길지 않은 한 대부분의 생물반응조에서는 이상적인 PFR보다 이상적인 CSTR에 가까운 물질 혼합 조건이 형성된다.

5.3 미생물 생장속도 모델이 적용되는 반응조의 해석

이 절에서는 5.1절에서 소개한 미생물 생장속도 모델과 5.2절에서 소개한 반응조 해석 요령을 활용하여 CMBR, PFR, CSTR의 부유식 생물반응조 형태 각각에 대해 반응조 해석을 수행한다. 5.1절을 통해 미생물 생장속도 모델의 주요 변수가 제한기질의 농도 S와 활성 미생물의 농도와 X_a임을 확인했으므로, 반응조의 물질수지식은 이 두 변수에 대해 각각 수립한다. 이 두 변수의 시간에 따른 변화량(즉, 반응속도)은 각각 식 (5-8), 식 (5-9)로 나타낼 수 있음을 기억하자.

5.3.1 Completely-mixed batch reactor

반응속도를 수학적으로 표현하는 방식(예: 1차 반응, 미생물 생장속도 모델)과 관계없이 control volume은 동일하게 설정 가능하다. 즉, 미생물 반응이 일어나는 CMBR에서 control volume은 5.2.1절에서 1차 화학반응에 대해 설정했던 것과 마찬가지로 반응조 전체로 할 수 있다(그림 5-7).

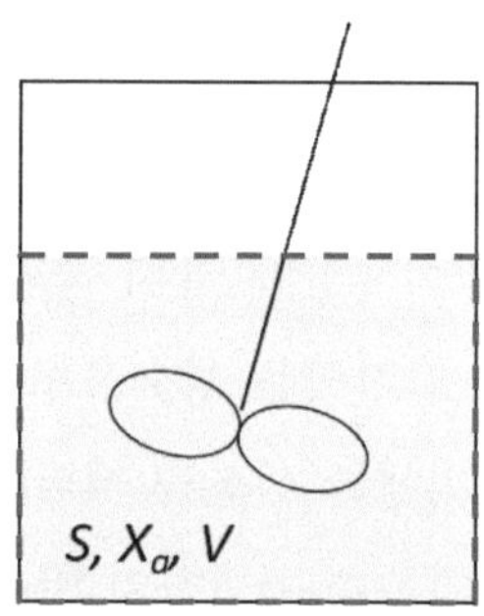

[그림 5-7] CMBR 생물반응조의 개요도와 control volume 설정(빨간 점선)

이제 두 번째 단계로 control volume에서의 물질수지식을 수립한다. 이 control volume에는 유입, 유출이 일어나지 않으므로 물질수지식 우변에는 반응항만이 존재한다. 시간당 질량[$M \cdot T^{-1}$]으로 표현되는 물질수지식에서 반응항은 반응속도[$M \cdot L^{-3} \cdot T^{-1}$]와 부피 [$L^3$]의 곱으로 나타내므로, CMBR에서 제한기질과 활성 미생물 농도에 대한 물질수지식은 각각 식 (5-25), (5-26)과 같다.

$$V\frac{dS}{dt} = -r_{su}V \tag{5-25}$$

$$V\frac{dX_a}{dt}=r_{net}V \tag{5-26}$$

식 (5-25), (5-26)에 식 (5-8), (5-9)를 대입하고 정리하면 다음과 같다.

$$\frac{dS}{dt}=-\frac{\hat{q}S}{K+S}X_a \tag{5-27}$$

$$\frac{dX_a}{dt}=\left(Y\frac{\hat{q}S}{K+S}-b\right)X_a \tag{5-28}$$

이제 반응조 해석의 남은 세 번째 단계는, 반응조 가동 시작 시점($t=0$)의 제한기질 농도가 S^0, 활성 미생물 농도가 X_a^0일 때[다시 말해 초기 조건 $S=S^0(t=0)$, $X_a=X_a^0(t=0)$에 대하여], 제한기질 농도 S와 활성 미생물 농도 X_a를 시간 t의 함수로 나타내는 것이다.

어떤 독립변수 x와 종속변수 y 간의 관계를 나타내는 수학적 모델이 주어졌을 때 완전해(exact solution)를 x, y와 수학적 연산자로 나타낸 것을 closed-form solution이라 하며, 특히 함수 $y=f(x)$로 나타내는 데 성공했다면, 이를 explicit solution이라 한다. 또한, 수학적 모델을 풀어 closed-form solution으로 나타내는 방법을 해석적 방법(analytical method)이라 한다. 반면, 수치적 방법(numerical method)은 다양한 방법을 통해 완전해의 근삿값인 근사해(approximate solution)를 찾아내는 방법으로, 많은 계산이 필요하므로 주로 컴퓨터로 자동화된 계산을 수행한다.

미분방정식 (5-27), (5-28)과 초기 조건 $S=S^0(t=0)$, $X_a=X_a^0(t=0)$에 대한 closed-form solution은 존재하지 않는다. Closed-form solution이 존재하지 않는 경우 두 가지 접근이 가능한데, 하나는 추가적인 가정을 통해 수학적 모델을 보다 단순화하여 해석적 방법으로 closed-form solution을 찾는 것이며, 다른 하나는 원래의 수학적 모델을 가지고 수치적 방법을 적용하는 것, 즉 수치해(numerical solution)를 구하는 것이다.

Rittmann과 McCarty(2001)는 다음과 같은 추가 가정을 통해 CMBR에 미생물 생장 모델을 적용했을 때의 closed-form solution을 구하였다. CMBR에서 미생물의 감쇠(decay) 속도가 제한기질의 소모에 의한 미생물 생장속도보다 무시할 만큼 작다고 가정하면, 활성 미생물 농도는 초깃값 X_a^0에서 시간 t 경과 후 기질 농도의 변화량 $S-S^0$와 참수율(true yield) Y의 곱만큼 증가하므로, 기질 활성 미생물 농도 X_a는 식 (5-29)로 표현 가능하다.

$$X_a = X_a^0 + Y(S - S^0) \tag{5-29}$$

식 (5-29)를 식 (5-27)에 대입하고 주어진 초기 조건을 활용하여 해석적 방법으로 풀면 식 (5-30)을 얻는다.

$$t = \frac{1}{\hat{q}}\left\{\left(\frac{K}{X_a^0 + YS^0} + \frac{1}{Y}\right)\ln\left(X_a^0 + YS^0 - YS\right) - \left(\frac{K}{X_a^0 + YS^0}\right)\ln\frac{SX_a^0}{S^0} - \frac{1}{Y}\ln X_a^0\right\} \tag{5-30}$$

이 결과를 통해 추가 가정으로도 explicit solution인 $S = f(t)$, $X_a = g(t)$의 형태를 얻을 수는 없음을 확인할 수 있다. 또한, 생물반응조가 효율적으로 작동하려면 충분한 활성 미생물 농도가 확보되어야 하고, 높은 활성 미생물 농도 조건에서 미생물의 감쇠 속도가 제한기질의 소모에 의한 미생물 생장속도보다 충분히 작다는 가정이 성립하기 어려우므로, 식 (5-30)은 매우 제한적인 조건에서만 활용 가능하다.

수치적 방법으로 미분방정식 (5-27), (5-28)과 초기 조건 $S = S^0(t=0)$, $X_a = X_a^0$ $(t=0)$에 대한 근사해를 구하는 아주 간단한 수치적 방법을 소개한다. 미분방정식을 수치적 방법으로 푸는 기본적인 요령은 사칙연산을 이용해 미분항을 근사(approximate)하는 것이다. 어떤 함수 $f(x)$의 도함수 $f'(x)$는 다음과 같이 정의된다는 것을 기억하자.

$$f'(x) = \lim_{\Delta x \to 0}\frac{f(x+\Delta x) - f(x)}{\Delta x} \tag{5-31}$$

식 (5-31)로부터 특정한 값을 갖는 양수 Δx에 대하여 $\{f(x+\Delta x) - f(x)\}/\Delta x$를 이용해 $f'(x)$를 근사할 수 있으며, Δx가 작을수록 $f'(x)$를 보다 잘 근사할 수 있다는 것을 유추할 수 있다. 이 요령을 식 (5-27), (5-28)에 적용하면 다음과 같다.

$$\frac{S(t+\Delta t) - S(t)}{\Delta t} = -\frac{\hat{q}S}{K+S}X_a \tag{5-32}$$

$$\frac{X_a(t+\Delta t) - X_a(t)}{\Delta t} = \left(Y\frac{\hat{q}S}{K+S} - b\right)X_a \tag{5-33}$$

시간 t가 0으로부터 Δt만큼 n번째 지난 시간이라고 하고(즉, $t = n\Delta t$), 이때의 S, X_a 값을 각각 S^n, X_a^n이라 쓰면 식 (5-32), (5-33)은 다음과 같이 표현 가능하다.

$$\frac{S^{n+1} - S^n}{\Delta t} = -\frac{\hat{q}S}{K+S}X_a \tag{5-34}$$

$$\frac{X_a^{n+1} - X_a^n}{\Delta t} = \left(Y\frac{\hat{q}S}{K+S} - b\right)X_a \tag{5-35}$$

식 (5-34), (5-35)의 우항에 있는 변수 S, X_a의 값은 n번째 시간 간격의 것을 사용할 수도, $n+1$번째 시간 간격의 것을 사용할 수도 있다. 전자의 방법을 explicit method, 후자의 방법을 implicit method라 한다. Explicit method는 보다 직관적이고 수치해석을 위한 식을 쉽게 도출할 수 있는 반면, 매개변수 Δt를 충분히 작게 설정하지 않으면 근삿값을 구하지 못하고 해가 발산[4]할 우려가 있다. Implicit method는 직관적으로 이해하고 적용하기 까다로운 반면, 해가 발산할 우려가 상대적으로 매우 낮다. 여기서 해가 발산하지 않는다는 것이 수치해가 정확하다는 것(즉, 완전해를 정확히 근사한다는 것)을 의미하지는 않는다는 것에 유의하자.

여기서는 보다 직관적인 방법인 explicit method를 적용해보자. 이 방법을 이용하면 식 (5-34), (5-35)를 다음과 같이 쓸 수 있다.

$$\frac{S^{n+1} - S^n}{\Delta t} = -\frac{\hat{q}S^n}{K+S^n}X_a^n \tag{5-36}$$

$$\frac{X_a^{n+1} - X_a^n}{\Delta t} = \left(Y\frac{\hat{q}S^n}{K+S^n} - b\right)X_a^n \tag{5-37}$$

두 식을 정리하여 $n+1$번째 시간간격의 변숫값 S^{n+1}, X_a^{n+1}에 대해 나타내면 다음과 같다.

4) 수치적 방법에서는 초깃값(0번째 시간 간격)에서부터 순차적으로 다음 시간 간격의 값을 계산하게 되는데, 이 순차적 계산에서 근사의 오차가 계속 증폭되어 참값과 근삿값의 차이가 기하급수적으로 증가하는 경우 근사해가 발산한다고 한다.

$$S^{n+1} = S^n - \frac{\hat{q}S^n}{K+S^n} X_a^n \Delta t \tag{5-38}$$

$$X_a^{n+1} = X_a^n + \left(Y\frac{\hat{q}S^n}{K+S^n} - b \right) X_a^n \Delta t \tag{5-39}$$

식 (5-38), (5-39)를 이용하면 초깃값 (S^0, X_a^0)으로부터 출발하여 (S^1, X_a^1), (S^2, X_a^2), $\cdots$, (S^n, X_a^n)을 순차적으로 계산함으로써 시간 $t = n\Delta t$에서의 변숫값 $S = S^n$, $X_a = X_a^n$을 근사해낼 수 있다. 이 계산은 간단한 컴퓨터 프로그램 코드를 통해 수행할 수도, 스프레드시트 소프트웨어를 통해 수행할 수도 있다.

여기서 소개한 수치적 방법은 미생물 생장속도 모델을 적용한 CMBR 해석뿐만 아니라 비교적 단순한 시스템에서 1차 미분방정식과 초기 또는 경계조건으로 나타낸 다양한 수학적 모델을 푸는 데 활용할 수 있다. 보다 복잡한 시스템 또는 2차 혹은 고차 미분방정식으로 나타낸 수학적 모델에 대한 수치적 방법과 근사해의 오차 최소화 및 계산 효율 향상을 위한 기술적인 사항은 수치해석 기법을 다룬 많은 문헌에서 상세하게 소개하고 있다.

5.3.2 Plug flow reactor

5.2.2절로부터 반응속도를 나타내는 수학적 모델과 관계없이 CMBR의 해에서 시간 t를 수리학적 체류시간 θ로 치환하면 이상적인 PFR의 해를 구할 수 있다는 것을 알았다. 따라서 5.3.1절에서 논의한 바를 미생물 생장속도 모델을 적용한 PFR 생물반응조(유입수 농도 S^0, X_a^0)에 적용하면, 유출수 농도 S^e, X_a^e의 해는 closed-form solution이 아니며, 유출수 농도를 구하기 위해서는 추가 가정을 통해 분석적 방법으로 해를 구하거나 수치적 방법으로 근사해를 구해야 한다는 것을 알 수 있다. PFR에서 미생물의 감쇠 속도가 제한 기질의 소모에 의한 미생물 생장속도보다 무시할 만큼 작다고 가정하면 다음이 성립한다.

$$X_a^e = X_a^0 + Y(S^e - S^0) \tag{5-40}$$

식 (5-30)으로부터, 주어진 조건에서 해석적 방법을 적용한 결과는 다음과 같음이 자명하다.

$$\theta = \frac{1}{\hat{q}}\left\{\left(\frac{K}{X_a^0 + YS^0} + \frac{1}{Y}\right)\ln\left(X_a^0 + YS^0 - YS^e\right) - \left(\frac{K}{X_a^0 + YS^0}\right)\ln\frac{S^e X_a^0}{S^0} - \frac{1}{Y}\ln X_a^0\right\} \tag{5-41}$$

수치적 방법을 적용하면 유입수 농도 S^0, X_a^0로부터 식 (5-38), (5-39)의 계산을 n회 반복하여 시간 $\theta = n\Delta t$에서 구한 값이 S^e, X_a^e의 근사해가 된다.

5.3.3 Steady state continuously-stirred tank reactor

미생물 반응이 일어나는 CSTR의 경우 역시 반응조 전체를 control volume으로 설정할 수 있다(그림 5-8). 유입수를 통해 생물반응조에 들어오는 활성 미생물의 양은 생물반응조 내에서 생장하는 양에 비해 무시할 만하다고(즉, 유입 활성 미생물 농도 X_a^0를 0으로) 가정하자. 대부분의 생물반응조는 미생물 생장에 유리한 조건(예: 폭기에 의한 용존산소 공급)을 부여하여 인위적으로 높은 미생물 농도를 얻도록 설계하므로, 이 가정은 개연성이 높다.

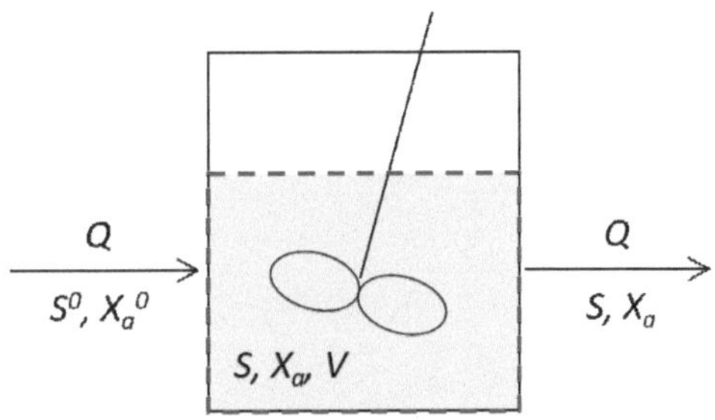

[그림 5-8] CSTR 생물반응조의 개요도와 control volume 설정(빨간 점선)

Steady state를 가정하면, control volume에서 제한기질과 활성 미생물 농도에 대한 물질수지식은 다음과 같이 수립할 수 있다.

$$0 = QS^0 - QS - r_{ut}V \tag{5-42}$$

$$0 = -QX_a + r_{net}V \tag{5-43}$$

이 두 식에 각각 식 (5-8), (5-9)를 대입하고 연립해서 풀면 다음의 해를 얻을 수 있다.

$$S = K\frac{1 + b\theta}{Y\hat{q}\theta - (1 + b\theta)} \tag{5-44}$$

$$X_a = Y\frac{S^0 - S}{1 + b\theta} \tag{5-45}$$

6 생물반응조 해석

이제 반응조 조건을 steady state CSTR로 한정하고 생물반응조에 대한 보다 심도 있는 해석을 시도하도록 하자. 일반적인 부유상 생장 생물반응조는 반응조 이후 미생물을 포함한 입자상 물질을 분리하는 침전조를 배치하고 침전조 하부에 가라앉은 슬러지의 일부를 반응조로 반송하는 방식을 택한다(그림 6-1). 단계적 접근을 위해 먼저 슬러지 반송이 없는 steady state CSTR에 대한 해석을 실시하고, 그 결과를 응용하여 슬러지 반송이 있는 CSTR 기반 steady state 생물반응 시스템의 해석을 논한다.

앞서 5장에서 제한기질 S에 대해 미생물 생장속도식을 소개하였고, 이 식과 반응조의 물질수지식을 수립하는 기법을 활용하여 다양한 반응조 형태에 대해 유출수의 제한기질 농도 S와 그 제한기질을 섭취하며 생장하는 미생물에 대한 활성 미생물 농도 X_a에 대한 모델식을 도출하였다. 미생물 생장속도론과 이를 이용한 반응조 해석에서 제한기질은 원론적으로 미생물 생장에 필요한 물질(전자공여체, 전자수용체, 질소 공급원, 인 공급원 등) 중 미생물

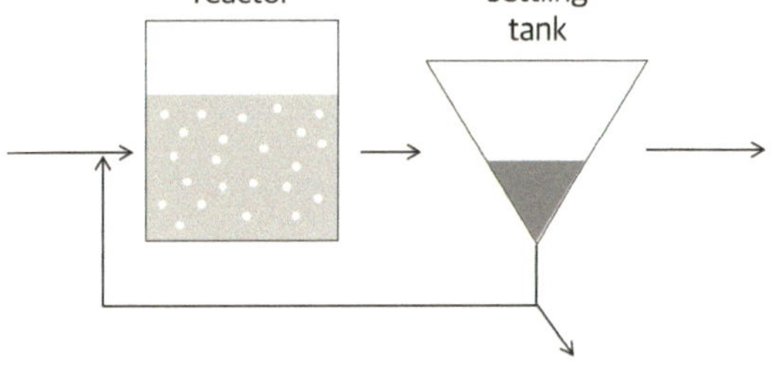

[그림 6-1] 침전조(settling tank)와 슬러지 반송이 있는 부유상 생장 생물반응 시스템의 개요도
호기적 생분해로 오염물질을 제거하는 반응조(reactor)에는 일반적으로 기포를 통한 산소 공급이 이루어지므로 이를 표기함. 시스템에서 잉여 생장(excessive growth)한 바이오매스는 시스템에서 제거되며, 이 잉여슬러지 폐기를 화살표로 표기함.

생장을 제어하는 것이라면 그 어떤 것으로도 설정 가능하다. 다만, 하폐수의 생물학적 처리 공정을 해석하는 데에서 대부분의 경우 용존상 유기물질을 제한기질로 설정한다. 이는 1) 많은 생물학적 하폐수 처리에서 용존상 유기물질이 주요 제거 대상 물질이고, 2) 처리공정에서 활용하는 가장 주요한 미생물은 유기물질을 전자공여체로 사용하여 생장하는 종속영양미생물이며, 3) 하폐수 처리 조건에서 유기물질이 가장 빈번하게 이 종속영양미생물의 제한기질로 작용하기 때문이다. 따라서 앞으로의 논의는 제한기질을 용존상 유기물질로 한정하여 진행한다.

유입수의 제한기질 농도 S^0인 steady state CSTR에서 유출수의 제한기질 농도 S와 활성 미생물 농도 X_a에 대한 해석 결과는 5.3.3절에서 이미 논한 바 있다. 그러나 5.3.3절에서 제시한 해석은 매우 단순화된 것이며, 실제 용존상 유기물질 제거를 위한 생물학적 반응조의 해석에는 추가적인 변수와 기작에 대한 고려가 필요하다. 유입수에는 미생물이 분해할 수 있는 용존상 유기물질 이외에도 다양한 유기물질이 포함되어 있다. 이것들은 1) 난분해성 용존상 유기물질, 2) 생분해성 입자상 유기물질, 3) 난분해성 입자상 유기물질로 분류할 수 있다. 난분해성 용존상 유기물질은 다른 물질의 거동에 영향을 미치지 않는다. 난분해성 용존상 유기물질 중 생물반응조 내에서 미생물 바이오매스에 흡착되거나 휘발되지 않는 물질은 보존성 추적자와 동일하게 거동하므로, 이러한 물질의 유출수 내 농도는 유입수 농도와 동일하다. 난분해성 용존상 유기물질 중 흡착이나 휘발이 일어나는 물질의 거동에 대해서는 10장에서 다룬다. Steady state CSTR에서 생분해성 입자상 유기물질과 난분해성 입자상 유기물질에 대한 해석, 그리고 이들 물질의 거동과 제한기질의 거동 간의 관계에 대해서는 이 장에서 구체적으로 논한다. 생물반응조의 미생물은 유기물질을 체외로 분비하는데, 이 물질은 유출수 수질 및 반응조 해석에 영향을 미치므로, 이 장에서는 이에 대해서도 논한다.

유기물질을 생물학적 반응조 해석의 주요 대상으로 하더라도, 반응조의 적절한 해석과 설계, 운영과 유출수질 관리를 위해 다른 물질들의 반응조 내 거동 또한 이해해야 한다. 이 중 대표적인 것들로는 질소, 인 등의 영양염과 전자공여체가 있다. 이들 영양염과 전자공여체가 고갈되면 반응조 내 미생물의 활성이 제대로 유지되지 못하므로 유기물질에 대한 반응조 해석 결과가 유효하지 않다. 질소와 인은 많은 하폐수 처리공정의 유출수 수질을 결정하는 중요한 인자들로, 이들이 유출수에 과량 존재할 경우 방류수계의 부영양화와 생물 독성을 야기한다. 따라서 영양염과 전자공여체가 생물반응조에서 얼마나 저감되며, 유입수를 통한 공급만으로 이들 물질이 미생물 활성을 유지하는 데 충분한지, 그렇지 않다면 얼마나 추가적

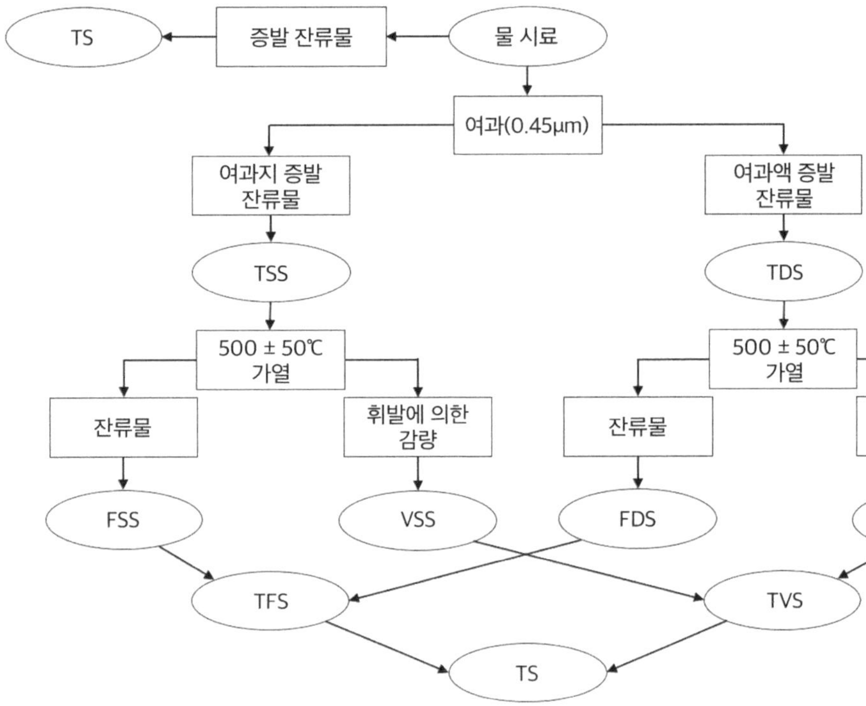

[그림 6-2] 물에 존재하는 고형물의 구분 및 측정 방법

으로 이들 물질이 공급되어야 하는지 계산할 필요가 있다.

6.1 지표 및 용어

물속에 존재하는 복잡한 물질 구성에 대해 반응조 해석을 실시하기 이전에 이러한 물질을 나타내는 지표와 용어를 간단히 알아보자. 물에 존재하는 고형물은 크게 물에 용해되어 존재하는 물질과 입자상으로 부유되어 있는 물질로 나눌 수 있다. 용존상과 부유상 고형물은 측정의 편의상 0.45μm의 공극 크기를 가지는 여과지를 통과하는지 여부로 결정한다. 어떤 물 시료의 0.45μm 여과지를 통과하는 고형물의 함량을 총용존고형물(total dissolved solids, TDS)이라 하며, 0.45μm 여과지에 잔류하는 고형물의 함량을 총부유고형물 또는 총부유물질(total suspended solids, TSS)이라 한다. 한편, 물속에 존재하는 고형물을 구분하는 다른 방법은 500±50℃로 가열했을 때 휘발되는 성분과 고형물로 잔류하는 성분으로 나누는 것인데, 물 시료에서 휘발되는 고형물의 함량을 총휘발성고형물(total volatile solids, TVS), 잔류하는 고형물의 함량을 총강열잔류고형물(total fixed solids, TFS)이라 한다. 이 두 구분법을 모두 활용하면 물속에 있는 고형물을 4가지로 구분할 수 있는데, 휘발성용존고형물(volatile dissolved solids, VDS), 강열잔류용존고형물(fixed dissolved solids, FDS), 휘발성부유물질(volatile suspended solids, VSS), 강열잔류부유물질(fixed suspended solids, FSS)이 그것이다. 물속에 존재하는 고형물의 총 함량을 총고형물(total solids, TS)이라 하며, 이는 VDS, FDS, VSS, FSS를 모두 합한 것과 같다.

TSS와 VSS는 생물학적 하폐수 처리공정의 설계, 운영, 관리에서 매우 중요한 인자로 사용된다. TSS는 중요한 수질인자로, 방류수질 목표 수립과 모니터링의 핵심 지표이다. 또한, 처리공정에서 슬러지 형태로 배출되는 TSS의 양에 대한 정보는 슬러지 관리 및 처분 대책을 세우는 데 필수적이다. 500℃ 전후의 온도로 가열했을 때 휘발되는 고형물은 대개 유기물질이며, 무기물질은 대부분 잔류한다. 따라서 VSS는 입자상 유기물질의 함량을 나타내는 지표로 주로 활용된다. 슬러지에 포함된 유기물질은 악취 발생, 매립 시 상당한 부피 감소 등 슬러지 관리에 큰 문제를 야기시키므로 최종 처분 이전에 안정화, 소각 등의 방법으로 처리할 필요가 있다. 그러므로 슬러지의 VSS 함량은 슬러지 관리 및 처분 대책 수립에 중요한 정보를 제공한다. 그러나 수처리를 위한 생물반응조에서 VSS의 지표로서의 중요성은 무엇보다 이것이 미생물 함량을 나타내는 지표라는 데 있다. 대부분의 생물반응조는 매우 높은 미생물 농도 조건으로 운전되므로, 미생물은 생물반응조에서 채취한 물 시료에 존재하는 VSS의 상당 부분을 차지한다. VSS는 물속의 미생물 함량을 유추할 수 있는 다른 어떤 지표들보다 측정이 간편하고 전문성이 덜 요구되므로, 대부분의 경우 이것을 생물반응조의 미생물 함량을 나타내는 지표로 사용한다.

높은 미생물 농도로 운전되는 하폐수 처리 생물반응조의 내용물을 전통적으로 mixed liquor라고 불러왔다. 이러한 까닭에 생물반응조에서 채취한 물 시료의 TSS 값은 mixed liquor suspended solids(MLSS)라 부르고, VSS 값은 mixed liquor volatile suspended solids(MLVSS)라 부르는 것이 일반적이다.

유기물질이 생물학적 처리공정의 주요 처리 대상인 가장 핵심적인 이유는 이들 물질이 자연수계에 방류될 경우 미생물의 호흡 작용에 의해 분해되면서 물의 용존산소를 고갈시키기 때문이다. 따라서 어떤 물 시료에 존재하는 유기물질이 소모할 수 있는 산소의 총량, 즉 산소요구량(oxygen demand)은 시료의 유기물질 함량을 나타내는 가장 일반적인 지표가 된다. COD 실험이 이상적으로 수행되었을 경우 그 결과는 시료의 유기물질이 소모할 수 있는 산소의 총량과 같으므로, 생물반응조 해석을 다루는 많은 교과서에서 유기물질 함량을 mg COD/L와 같은 단위로 표현한다. 총 COD 중 생물학적 분해가 가능한 부분을 biodegradable COD(bCOD)라 하며, 이상적인 조건에서 이는 BOD 실험으로 측정 가능한 최대 산소요구량인 최종 BOD(ultimate BOD, uBOD) 값과 같다. COD 중 생물학적으로 분해되지 않는 부분은 non-biodegradable COD(nbCOD)로 칭할 수 있으며, 총 COD를 용존 여부(즉, 0.45μm 여과지 통과 여부)에 따라 용존상 COD(soluble COD, sCOD)와 입자상 COD(particulate COD, pCOD)로 구분하는 것도 가능하다. 이 두 구분법을 동시에 적용하면, 총 COD는 bsCOD, nbsCOD, bpCOD, nbpCOD로 나눌 수 있다. 이번 장에서 논하는 제한기질 S는 bsCOD를 가리킨다.

6.2 슬러지 반송이 없는 steady state CSTR 생물반응조 해석

6.2.1 Biodegradable soluble COD와 활성 미생물

이 장의 논의에서 제한기질로 설정하는 bsCOD, 그리고 활성 미생물에 대해서는 5장에서 해석 방법을 논한 바 있다. 슬러지 반송이 없는 steady state CSTR에 대해 다음의 식 (5-44), (5-45)를 통해 유출수의 bsCOD 및 활성 미생물 농도(S 및 X_a)를 구할 수 있다.

$$S = K\frac{1+b\theta}{Y\hat{q}\theta-(1+b\theta)} \tag{5-44}$$

$$X_a = Y\frac{S^0-S}{1+b\theta} \tag{5-45}$$

6.2.2 Non-biodegradable volatile suspended solids

Non-biodegradable volatile suspended solids(nbVSS)는 생물반응조에서 거의 분해되지 않는 입자상 유기물질을 가리킨다.

5.1절에서 논의한 바와 같이 감쇠는 다음 식으로 표현된다.

$$\left(\frac{dX_a}{dt}\right)_{decay} = -bX_a \tag{6-1}$$

감쇠 반응으로 줄어드는 활성 미생물의 일부는 빠른 속도로 생분해되는 반면, 나머지는 난분해성·입자상 유기물질로 잔류한다. 이렇게 감쇠 반응으로 잔류하는 생물량을 불활성 바이오매스(inert biomass)라 하며, 이는 nbVSS에 기여한다. 질량 기준으로 전체 활성 미생물량에서 생분해되는 부분의 비율을 f_d로 표기하면, 감쇠에 의한 불활성 바이오매스 축적 속도는 다음과 같이 표현된다.

$$\left(\frac{dX_i}{dt}\right)_{decay} = -(1-f_d)bX_a \tag{6-2}$$

유입수의 nbVSS 농도가 X_i^0이고, 유입수의 활성 미생물 농도는 무시할 만큼 작은 steady state CSTR에서 nbVSS에 대해 다음 물질수지식이 성립한다.

$$0 = QX_i^0 - QX_i + (1-f_d)bX_aV \tag{6-3}$$

식 (6-3)을 정리하여 X_i에 대해 표현하면 다음과 같다.

$$X_i = X_i^0 + X_a(1-f_d)b\theta \tag{6-4}$$

식 (5-44)와 (6-4)에 따라 반응조 내부 및 유출수의 총 VSS 농도 X_{VSS}는 다음과 같이 나타낼 수 있다.

$$\begin{aligned} X_{VSS} &= X_a + X_i = X_i^0 + X_a\left[1+(1-f_d)b\theta\right] \\ &= X_i^0 + Y(S^0 - S)\frac{1+(1-f_d)b\theta}{1+b\theta} \end{aligned} \tag{6-5}$$

6.1절에서 논한 바와 같이, 생물반응조의 미생물 바이오매스 양은 VSS로부터 유추한

다. 생물반응조를 거치면서 소모되는 제한 기질의 양은 농도 단위로 $(S^0 - S)$와 같으며, 생산되는 VSS의 양은 농도 단위로 식 (6-5) 우변의 두 번째 항과 같다. 생물반응의 산출량(yield)은 기질의 소모량 대비 미생물 바이오매스의 생산량이므로, steady state CSTR에서 겉보기 산출량(observed yield; Y_{obs})은 다음 식으로 나타낼 수 있다.

$$Y_{obs} = Y\frac{1+(1-f_d)b\theta}{1+b\theta} \tag{6-6}$$

6.2.3 Soluble microbial products

Soluble microbial products(SMPs)는 미생물로부터 유래하는 용해성 물질을 일컫는다. 이러한 물질은 미생물 세포의 용해(cell lysis)에 의해 생성되거나, 미생물에 의해 분비되거나, 세포막을 통한 수동적 확산으로 세포 외로 방출되는 등 다양한 경로로 발생한다. SMPs는 생분해성으로, 모든 미생물 반응조에서 발생하며, 생물반응조 유출수 용존 COD 및 BOD의 상당 부분을 차지하는 경우가 많다.

SMP 중 미생물의 기질 대사 과정에서 직접적으로 발생하는 것을 substrate utilization-associated products(UAP)라 부른다. UAP의 발생 속도 r_{UAP}는 기질의 소모 속도 r_{ut}와 비례한다고 본다.

$$r_{UAP} = \frac{dS_{UAP}}{dt} = -k_1 r_{ut} \tag{6-7}$$

여기서, S_{UAP} = UAP의 농도 $[M_{UAP} \cdot L^{-3}]$

k_1 = UAP 발생계수 $[M_{UAP} \cdot M_s^{-1}]$이다.

기질 소모 속도 r_{ut}는 식 (5-8)을 통해 얻거나 다음 관계로 구할 수 있다.

$$r_{ut} = -\frac{S^0 - S}{\theta} \tag{6-8}$$

SMP 중 미생물의 세포의 항상성 유지나 감쇠 과정에서 발생하는 것을 biomassassociated products(BAP)라 부른다. BAP의 발생 속도 r_{BAP}는 활성 미생물 농도 X_a와 비례관계에 있다고 가정한다.

$$r_{BAP} = \frac{dS_{BAP}}{dt} = k_2 X_a \tag{6-9}$$

여기서, S_{BAP} = BAP의 농도$[M_{BAP} \cdot L^{-3}]$

k_2 = BAP 발생계수$[M_{BAP} \cdot M_x^{-1} \cdot T^{-1}]$이다.

SMPs는 생분해성이므로 생물반응조 내에서 분해반응이 유의하게 발생한다. UAP와 BAP의 생분해 속도상수는 서로 다른 것으로 알려져 있으며, 이 값들은 제한 기질의 생분해 속도상수와도 다르다. 따라서 UAP와 BAP의 생분해 속도는 각각에 대해 고유의 속도상수($\hat{q}_{UAP}$, K_{UAP}, $\hat{q}_{BAP}$, K_{BAP})를 사용하여 다음의 Monod 식으로 표현된다.

$$r_{\deg-UAP} = -\frac{\hat{q}_{UAP} S_{UAP}}{K_{UAP} + S_{UAP}} X_a \tag{6-10}$$

$$r_{\deg-BAP} = -\frac{\hat{q}_{BAP} S_{BAP}}{K_{BAP} + S_{BAP}} X_a \tag{6-11}$$

여기서, $r_{\deg-UAP}$ = UAP의 생분해 속도$[M_{UAP} \cdot L^{-3} \cdot T^{-1}]$

$r_{\deg-BAP}$ = BAP의 생분해 속도$[M_{BAP} \cdot L^{-3} \cdot T^{-1}]$이다.

이제 UAP, BAP 각각에 대해 steady-state CSTR에서의 물질수지식을 수립해보자. UAP와 BAP는 생물반응조 내에서 생성되며, 반응조로 유입되는 양은 무시할 수 있을 만큼 작다고 가정할 수 있으므로, 물질수지식은 다음과 같이 적을 수 있다.

$$0 = 0 - Q \cdot S_{UAP} - k_1 r_{ut} V - \frac{\hat{q}_{UAP} S_{UAP}}{K_{UAP} + S_{UAP}} X_a V \tag{6-12}$$

$$0 = 0 - Q \cdot S_{BAP} - k_2 X_a V - \frac{\hat{q}_{BAP} S_{BAP}}{K_{BAP} + S_{BAP}} X_a V \tag{6-13}$$

식 (6-12)와 (6-13)를 정리하면 각각 UAP와 BAP에 대한 2차식으로 표현된다. 근의 공식을 이용하여 2차식의 해를 구하면 다음과 같다.

$$S_{UAP} = -\frac{\hat{q}_{UAP}X_a\theta K_{UAP} + k_1 r_{ut}\theta}{2} + \sqrt{\frac{\left(\hat{q}_{UAP}X_a\theta + K_{UAP} + k_1 r_{ut}\theta\right)^2 - 4K_{UAP}k_1 r_{ut}\theta}{2}} \tag{6-14}$$

$$S_{BAP} = -\frac{K_{BAP} + \left(\hat{q}_{BAP} - k_2\right)X_a\theta}{2} + \sqrt{\frac{\left\{K_{BAP} + \left(\hat{q}_{BAP} - k_2\right)X_a\theta\right\}^2 + 4K_{BAP}k_2 X_a\theta}{2}} \tag{6-15}$$

6.2.4 영양염 소모량

대부분의 생물반응조 해석에서 핵심적으로 다루는 제한기질은 미생물 바이오매스의 탄소원으로 사용되는 유기물질이다. 지금까지 논한 생물반응조 해석의 전제는 반응조에서의 미생물 생장이 이 제한기질을 제외한 다른 바이오매스 구성성분(예: 질소, 인)의 부족으로 인해 제약받지 않는다는 것이다. 생물반응조의 해석, 설계, 운영을 위해서는 이 전제가 실제로 유효한지 확인할 필요가 있다. 생물반응조에서는 미생물 생장에 의해 질소, 인 등의 영양염이 미생물 바이오매스로 전환되면서 용해 상태의 영양염 농도가 감소하는데(즉, 용해상 영양염이 소모되는데), 반응조에 유입되는 영양염 양이 이 영양염 소모량보다 커야 지금까지 논한 반응조 해석의 전제가 성립된다고 할 수 있다. 다른 한편으로는 질소, 인 등의 영양염은 방류될 경우 부영양화 등 방류수계에 악영향을 야기할 수 있는데, 유입수의 영양염 농도와 생물반응조의 영양염 소모량을 통해 유출수의 영양염 농도 또한 알 수 있으므로, 생물반응조의 영양염 소모량 예측은 방류수계 관리에 중요한 정보를 제공한다.

미생물 바이오매스 생산으로 인해 생물반응조에서 소모되는 영양염의 양은 바이오매스 생산량과 바이오매스의 영양염 함량의 곱으로 구할 수 있다. 또한, 생물반응조의 바이오매스 생산 속도는 기질 소모 속도 r_{ut}와 겉보기 산출량 Y_{obs}의 곱으로 나타낼 수 있다. 따라서

steady-state CSTR의 영양염 소모 속도 r_n $[M_n \cdot L^{-3} \cdot T^{-1}]$은 다음과 같이 표현된다.

$$r_n = \gamma_n Y_{obs} r_{ut} = \gamma_n Y r_{ut} \frac{1+(1-f_d)b\theta}{1+b\theta} \tag{6-16}$$

여기서, γ_n = 바이오매스의 영양염 n의 함량$[M_n \cdot M_x^{-1}]$이다.

미생물 바이오매스를 화학식 $C_5H_7O_2N$으로 표현한다고 하면, 화학식량이 113, 질소의 원자량이 14이므로 질소에 대한 함량 γ_N은 $14\,g\ N/113\,g\ VSS$ = $0.124\,g\ N/g\ VSS$이다. 미생물 생체의 인 함량은 질소 함량의 20%로 근사하는 것이 일반적이며, 이를 적용하면 인에 대한 함량 γ_P는 $0.025\,g\ P/g\ VSS$이다.

이제 steady state CSTR에서 영양염 n에 대한 물질수지식을 수립해보자. 영양염 소모 속도 r_n은 말하자면 이 영양염의 반응속도이다. 따라서 물질수지식은 다음과 같이 쓸 수 있다.

$$0 = QC_n^0 - QC_n + r_n V \tag{6-17}$$

여기서, C_n^0 = 유입수의 영양염 농도$[M_n \cdot L^{-3}]$

C_n = 반응조 및 유출수의 영양염 농도$[M_n \cdot L^{-3}]$이다.

위 식을 정리하면 C_n은 아래와 같이 표현된다.

$$C_n = C_n^0 + r_n\theta \tag{6-18}$$

반응조 해석 시에 식 (6-18)의 값이 음수가 된다는 것은 유입수에 포함된 영얌염이 주어진 생물반응이 일어나기에 충분하지 않다는 것을 뜻한다. 이 경우 제한기질의 소모가 영양염 부족에 의해 제약받지 않기 위하여 영양염을 반응조에 추가로 주입할 필요가 있다.

6.2.5 전자수용체 소모량

전자수용체 소모량에 대한 반응조 물질수지식을 수립하기 위해 산소요구량과 생물반응에서의 전자의 이동에 대해 짚고 넘어갈 필요가 있다. 넓게 봤을 때 산소요구량에는 탄소에 의한 산소요구량(carbonaceous oxygen demand)과 질소에 의한 산소요구량(nitrogenous oxygen demand)이 있는데, 편의상 여기에서는 탄소에 의한 산소요구량에 한하여 기술한다.

탄소에 의한 산소요구량은 유기물질의 탄소를 산화시켜 이산화탄소로 만드는 데 필요한 산소량이다. 여기서 산소는 전자수용체로 작용한다. 즉, 산소 분자는 유기탄소로부터 전자를 전달받음으로써 소모된다. 따라서 소모되는 산소 분자의 양은 유기탄소가 이산화탄소 분자(CO_2)의 탄소(무기탄소; 산화수 +4)로 산화되면서 내놓는 전자의 양에 의해 결정된다. 정량적으로는, 산소 분자(O_2)의 산화수가 0이고, 전자를 건네받아 CO_2, H_2O 등의 화합물을 형성했을 때 산소의 산화수는 -2이므로, 산소 분자 1몰이 소모되면서 4등가(equivalent)의 전자를 받는다. 산소의 분자량이 32이므로, 1등가의 전자에 해당하는 산소 분자 소모량은 8g이다.

쉬운 이해를 위해 이산화탄소의 탄소보다 산화수가 낮은 탄소는 '전자를 가지고 있다'라고 표현하고, 이산화탄소의 탄소는 '전자를 모두 잃었다'라고 간주하자. 어떤 물이 어떤 산소요구량 값을 갖는다는 것은 그 물에 있는 유기탄소가 전자를 가지고 있다는 뜻이며, 존재하는 유기물질의 탄소가 완전히 이산화탄소로 변환되면(즉, 전자를 모두 잃으면) 그 물은 더 이상 산소요구량을 갖지 않는다. 만약 물의 산소요구량이 8g이라면 이 물의 유기탄소는 1등가의 전자를 가지고 있을 것이다. 다시 말해, 산소요구량 8g은 1등가의 전자와 같다. 또한, 유기탄소의 산소요구량이 감소한다는 것은 유기탄소가 전자를 잃는다는(다시 말해 다른 물질에 제공한다는) 의미이며, 이 전자를 제공받는 물질(전자수용체)이 필요하므로, 산소요구량이 감소하기 위해서는 전자수용체의 소모가 일어나야 한다. 따라서 8g의 산소요구량이 소모되기 위해서는 전자 1등가에 해당하는 만큼의 전자수용체가 소모되어야 한다.

이제 steady state CSTR에서 산소요구량의 물질수지식을 수립해보자. 반응조에 유입되는 이 산소요구량의 일부는 전자수용체와 반응하여 소모되며, 나머지는 어떤 형태로든 반응조에서 유출될 것이다. 즉, 반응조에 유입되는 산소요구량은 전자수용체와 반응하여 소모되는 산소요구량과 반응조에서 유출되는 산소요구량의 합과 같다. 이제 편의상 산소요구량을 COD라 표현하자. 반응조 유입수의 COD에는 sCOD와 pCOD가 있다. 이 장의 서두에서 논하였듯이 난분해성 용존 COD, 즉 nbsCOD는 고려할 필요가 없으므로 sCOD 중에서는 bsCOD만이 고려 대상이며, 이는 제한기질이다. pCOD는 곧 VSS가 기여하는 COD이며, VSS의 조성이 미생물을 나타내는 화학식 $C_5H_7O_2N$과 같다고 가정하면, VSS 단위질량당 COD 값은 1.42g VSS/g COD이므로, COD 중 입자상 부분은 VSS 농도를 나타내는 변수 X_{VSS}에 계수 1.42를 곱하여 나타낼 수 있다. 유출수 COD 중 고려 대상 또한 당연히 bsCOD와 pCOD이나, 하나 유의할 점은 유출수의 용존 COD에는 SMP가 포함된다는 것이다. 종합하면, steady state CSTR에서 산소요구량의 물질수지식은 다음과 같이 쓸 수 있다.

$$0 = Q\left(S^0 + 1.42X_{VSS}^0\right) - Q\left(S + S_{SMP} + 1.42X_{VSS}\right) - \frac{1}{\gamma_a}\frac{dS_a}{dt} \tag{6-19}$$

여기서, γ_a = 전자수용체와 산소의 전자등가 질량비

dS_a/dt = 전자수용체의 시간당 소모율$[M_a \cdot T^{-1}]$

$S_{SMP} = S_{UAP} + S_{BAP}$ = 반응조 및 유출수의 SMP 농도$[M_{SMP} \cdot L^{-3}]$이다.

γ_a는 산소의 전자등가 질량인 $8g\ O_2/e^-$-eq와 해당 전자수용체의 전자등가 질량을 통해 구할 수 있다. 탈질 반응의 전자수용체인 질산이온(NO_3)은 반쪽반응식 표 4-1의 식 I-7에 따라 1등가의 전자를 받는 데 0.2몰이 필요하다. 즉, 탈질 반응에서 질산이온의 전자등가 질량은 $2.8g\ NO_3-N/e^-$-eq이므로, γ_a 값은 $0.35g\ NO_3-N/g\ O_2$가 된다. 산소를 전자수용체로 이용하는 호기적 생분해의 경우 γ_a 값은 당연히 1이 된다.

이제 steady state CSTR에서 전자수용체의 물질수지를 구해보자. 전자수용체는 유입수를 통해 반응조에 들어오고 유출수를 통해 나가며, 폭기와 같은 방법으로 반응조에 공급될 수도 있다. 또한, 전자수용체는 생물반응에 의해 반응조에서 dS_a/dt의 속도로 소모된다. 따라서, 물질수지식은 다음과 같이 쓸 수 있다.

$$0 = QS_a^0 - QS_a + R_a - \frac{dS_a}{dt} \tag{6-20}$$

식 (6-19), (6-20)을 정리하면, 다음과 같다.

$$\frac{dS_a}{dt} = \gamma_a\left[Q\left(S^0 + 1.42X_{VSS}^0\right) - Q\left(S + S_{SMP} + 1.42X_{VSS}\right)\right] = Q\left(S_a^0 - S_a\right) + R_a \quad (6\text{-}21)$$

식 (6-21)을 통해서 생물반응을 유지하기 위해 필요한 전자수용체 공급량을 계산할 수 있다. 이는 반응조 운전에 매우 중요한 정보가 된다.

6.2.6 입자상 유기물질의 가수분해

많은 하폐수에서 입자상 유기물질은 전체 산소요구량의 큰 부분을 차지한다. 예를 들어, 생활하수의 총 BOD 중 50% 이상이 입자상 BOD(또는 bpCOD)인 것으로 알려져 있다. 이러한 입자상 유기물질은 그 자체로는 미생물 세포막을 통과할 수 없으며, 미생물이 분비하는 세포 외 효소(extracellular enzyme)가 매개하는 가수분해(hydrolysis) 반응에 의해 낮은 분자량의 용해성 물질로 변환된 후에 세포막 안으로 들어올 수 있다. 따라서 입자상 유기물질의 가수분해 반응은 우리가 지금까지 제한 기질로 다룬 용존 유기물질의 입장에서는 물질 농도를 증가시키는 요인이다.

입자상 유기물질의 가수분해 반응을 수학적으로 표현하는 가장 일반적인 방법은 다음의 간단한 1차식이다.

$$r_{hyd} = -k_{hyd}S_p \quad (6\text{-}22)$$

여기서, r_{hyd} = 입자상 유기물질 분해속도$[M_{sp} \cdot L^{-3} \cdot T^{-1}]$

k_{hyd} = 입자상 유기물질 1차 가수분해 상수$[T^{-1}]$

S_p = 반응조 내 입자상 유기물질 농도$[M_{sp} \cdot L^{-3}]$이다.

이 반응속도식을 이용하여 입자상 유기물질의 steady state CSTR에서의 물질수지식을 수립하면 다음과 같다.

$$0 = QS_p^0 - QS_p - k_{hyd}S_pV \quad (6\text{-}23)$$

여기서, S_p^0 = 유입수 입자상 유기물질 농도[$M_{sp} \cdot L^{-3}$]이다.

식 (6-23)을 정리하여 S_p에 대해 나타내면 다음과 같다.

$$S_p = \frac{S_p^0}{1 + k_{hyd}\theta} \tag{6-24}$$

입자상 유기물질 농도 S_p와 용존상 유기물질 농도 S가 모두 COD의 단위로 표현된다면, 가수분해는 산소요구량을 변화시키는 반응이 아니므로, 입자상 유기물질이 가수분해된 양만큼(bpCOD의 감소량만큼) 용존상 유기물질(bsCOD)이 증가하게 된다. 즉, 입자상 유기물질의 가수분해로 인해 용존상 유기물질의 농도가 증가하는 속도는 식 (6-22)에 따라 $k_{hyd}S_p$로 표현된다. 따라서, 입자상 유기물질의 가수분해로 인한 증가분을 고려한 steady state CSTR에서의 용존상 유기물질 물질수지식은 다음과 같이 표현된다.

$$0 = QS^0 - QS - \frac{\hat{q}S}{K+S}X_a V + k_{hyd}S_p V \tag{6-25}$$

식 (6-25)는 다음과 같이 쓸 수 있다.

$$0 = \left\{\left(S^0 + k_{hyd}S_p\theta\right) - S\right\} - \frac{\hat{q}S}{K+S}X_a\theta \tag{6-26}$$

한편, 앞서 살펴보았듯이, 입자상 유기물질의 가수분해로 인한 증가분을 고려하지 않은 steady state CSTR에서의 용존상 유기물질 물질수지식과 그 조건에서 S, X_a의 해는 다음과 같다.

$$0 = \left(S^0 - S\right) - \frac{\hat{q}S}{K+S}X_a\theta \tag{6-27}$$

$$S = K\frac{1+b\theta}{Y\hat{q}\theta - (1+b\theta)} \tag{5-44}$$

$$X_a = Y\frac{S^0 - S}{1 + b\theta} \tag{5-45}$$

입자상 유기물질의 가수분해는 활성 미생물 농도 X_a의 물질수지식에는 영향을 미치지 않는다. 식 (6-26)과 (6-27)의 차이와 식 (5-44), (5-45)에 등장하는 변수를 점검하면, 입자상 유기물질의 가수분해를 고려한 조건에서 steady state CSTR의 S, X_a의 해에 대해 다음의 결론을 내릴 수 있다. 반응조 및 유출수의 용존상 유기물질 농도 S는 변동 없이 식 (5-44)로 표현 가능하다. 반면, X_a의 해는 다음과 같이 달라진다.

$$X_a = Y\frac{S^0 + k_{hyd}S_p\theta - S}{1 + b\theta} \tag{6-28}$$

즉, 유입수에 존재하는 입자상 유기물질의 가수분해가 주는 효과는 유입수의 용존상 유기물질 농도가 $k_{hyd}S_p\theta$만큼 증가하는 것과 같으며, 그 결과로 반응조 및 유출수의 활성 미생물 농도가 증가하는 한편, 반응조 및 유출수의 용존상 유기물질 농도는 변화하지 않는다.

6.3 슬러지 반송이 있는 CSTR 기반 steady state 생물반응 시스템 해석

이제 슬러지 반송이 있는 CSTR 기반 steady state 생물반응 시스템의 해석을 시도해보자. 그림 6-1 또는 아래 그림 6-3과 같이 이 시스템은 CSTR 형태의 반응조와 고액분리를 위한 침전조로 구성되며, 침전조 하부에 모인 슬러지 중 일부는 반응조로 반송되고, 나머지는 시스템에서 제거되어 슬러지 처리공정에 투입된다. 이렇게 반송되는 슬러지를 반송슬러지(return sludge), 제거되는 슬러지는 잉여슬러지(waste sludge)라 한다. 간결성을 고려하여 이 책에서는 제한기질 농도 S와 활성 미생물 농도 X_a에 대해서 물질수지식에 근거한 반응조 해석을 실시하고, 나머지 변수에 대해서는 최종 해석 결과만 제시하도록 한다. 슬러지 반송이 없는 steady state CSTR의 경우와 같이 유입되는 활성 미생물량은 무시할 수 있다고 가정한다(즉, $X_a^0 \approx 0$). 추가적으로, 침전조에서는 생물반응이 일어나지 않고 고형물의 침전만이 일어난다고 가정한다.

시스템에 대한 가정과 유량에 대한 물질수지를 통해 다음을 결정할 수 있다. 먼저, 반응

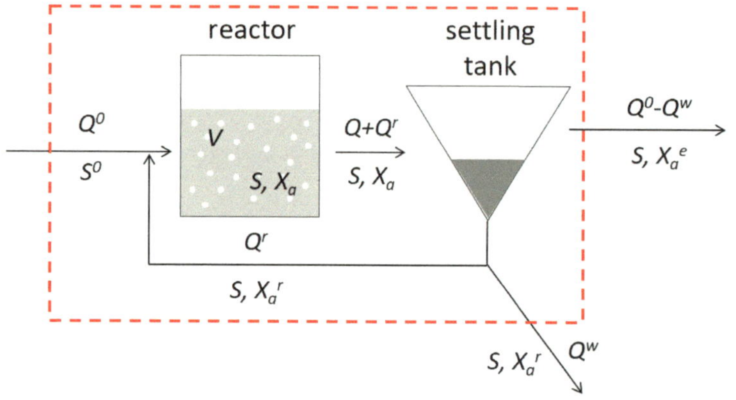

[그림 6-3] 슬러지 반송이 있는 CSTR 기반 steady state 생물반응 시스템
설정한 가정에 근거하여 각 변수를 표기함. 붉은 점선은 시스템 해석을 위해 설정한 control volume을 가리킴.

조가 CSTR 형태이고 반응조 이외에서 반응이 발생하지 않으므로(즉, 제한기질의 변화가 일어나지 않으므로), 반응조 유출수, 침전조 내부, 침전조 유출수, 반송 및 잉여슬러지의 제한기질 농도는 반응조 내부의 제한기질 농도 S와 동일하다. 시스템이 steady state에 있으므로 반응조와 침전조 모두 유입유량과 유출유량이 동일해야 한다. 따라서 반응조의 유출유량은 시스템 유입유량(Q)과 반송슬러지 유량(Q^r)의 합과 같다. 또한, 침전조 유입유량(=반응조 유출유량)은 침전조 상징수(supernatant)의 유출유량과 반송슬러지 유량, 잉여슬러지 유량을 모두 합한 값과 같다. 반응조 내부의 활성 미생물 농도 X_a는 반응조 유출수의 활성 미생물 농도와 같으며, 침전조에서 일어나는 침전 분리에 따라 침전조 상징수의 활성 미생물 농도 X_a^e는 이보다 낮은 값을 가진다. 반송슬러지와 잉여슬러지의 성상은 동일하게 X_a보다 큰 값 X_a^r을 가진다. 이러한 사항들을 활용하여 그림 6-3에 유량, 제한기질 농도, 활성 미생물 농도 등을 표기하였다.

6.3.1 고형물 체류시간

주어진 시스템에 대한 해석을 하기에 앞서 고형물 체류시간(solids retention time, SRT)이라는 지표에 대해 살펴보도록 하자. 5.2.4절에서 배운 수리학적 체류시간의 개념(어떤 시스템에서 물이 체류하는 평균시간)을 그대로 적용하면, 고형물 체류시간은 어떤 시스템에서 고형물이 체류하는 평균시간이라 정의할 수 있다. CSTR 생물반응조가 슬러지 반송 없이 운전된다면 반응조 내부의 내용물은 물이든, 물에 용해된 물질이든, 물에 부유된 고형물이든 모두 동일한 시간 동안 체류할 것이다. 즉, 슬러지 반송이 없는 CSTR 기반 시스템에서 수리학적 체류시간과 고형물 체류시간은 같다. 그러나 그림 6-3과 같이 슬러지 반송이 있는 시스템이라면 수리학적 체류시간과 고형물 체류시간은 달라진다. 이 시스템에서 고형물은 침전조에서 일어나는 고액분리와 고형물이 농축된 슬러지의 반송을 통해 평균적으로 물보다 더 오랜 기간 시스템 내부를 순환하게 된다. 따라서 슬러지 반송이 있는 CSTR 기반 시스템에서 고형물 체류시간은 수리학적 체류시간보다 길다.

5.2.4절을 통해 우리는 steady state로 작동하는 어떤 반응조에서 물의 평균 체류시간(즉, 수리학적 체류시간)은 반응조의 유효부피를 유량으로 나눈 값과 같다는 것을 확인하였다. 이 개념을 확장하면, steady state로 작동하는 시스템에서 어떤 물질의 평균 체류시간은 그 시스템에 존재하는 물질의 부피(또는 질량)를 그 시스템으로부터 빠져나오는 흐름의 시간당 부피(또는 질량)로 나눈 값이라는 것을 유추할 수 있다. 따라서, steady state로 작동하는 시스템에서 고형물 체류시간(SRT)은 시스템에 존재하는 고형물량($[M]$)을 그 시스템에서 빠져나오는 고형물의 질량 흐름값($M \cdot T^{-1}$)으로 나눔으로써 구할 수 있다.

이제, 위와 같은 원리에 따라 그림 6-3의 반응조를 대상으로 활성 미생물의 고형물 체류시간을 구해보자. 반응조 내부의 활성 미생물량은 그 농도와 반응조 부피의 곱으로 나타낼 수 있다. 전체 생물반응 시스템에서 활성 미생물을 유출시키는 흐름에는 침전조 상징수의 유출과 잉여슬러지 유출, 두 가지가 있고, 각각의 질량 흐름은 활성 미생물 농도와 유량의 곱으로 나타낼 수 있다. 따라서 반응조의 고형물 체류시간은 다음과 같이 나타낼 수 있다.

$$\theta_x = \frac{X_a V}{Q^e X_a^e + Q^w + X_a^w} \tag{6-29}$$

6.3.2 해석 요령 및 결과

그림 6-3의 시스템 해석은 그림에 표기한 바와 같이 시스템 전체를 control volume으로 설정하여 진행하면 편리하다. 제한기질인 bsCOD, 그리고 활성 미생물에 대하여 물질수지식을 수립하면 다음과 같다.

$$0 = Q^0 S^0 - \left(Q^e S + Q^w S\right) + r_{ut} V \tag{6-30}$$

$$0 = 0 - \left(Q^e X_a^e + Q^w X_a^w\right) + r_{net} V \tag{6-31}$$

식 (6-31)에 식 (5-9)를 대입하고 정리하여 다음을 얻는다.

$$Y \frac{\hat{q} S}{K + S} - b = \frac{Q^e X_a^e + Q^w X_a^w}{X_a V} \tag{6-32}$$

(6-29)를 통해 식 (6-32)의 우변이 고형물 체류시간의 역수인 것을 알 수 있다.

$$Y \frac{\hat{q} S}{K + S} - b = \frac{1}{\theta_x} \tag{6-33}$$

이제 식 (6-33)을 풀어 S에 대해서 나타내면 다음과 같다.

$$S = K \frac{1 + b\theta_x}{\theta_x \left(Y\hat{q} - b\right) - 1} \tag{6-34}$$

한편, 식 (6-33)은 식 (5-8)을 활용해 다음과 같이 다시 쓸 수 있다.

$$\frac{Y(-r_{ut})}{X_a} - b = \frac{1}{\theta_x} \tag{6-35}$$

이 식을 X_a에 대해 나타내면 다음과 같다.

$$X_a = \theta_x \frac{Y(-r_{ut})}{1 + b\theta_x} \tag{6-36}$$

식 (6-30)을 정리하여 다음을 얻는다.

$$r_{ut} = -\frac{Q^0 S^0 - Q^e S - Q^w S}{V} \tag{6-37}$$

$Q^0 = Q^e + Q^w$ 이므로, 식 (6-37)은 이미 6.2.3절에서 제시한 다음 식 (6-8)과 동일하다.

$$r_{ut} = -\frac{S^0 - S}{\theta} \tag{6-8}$$

식 (6-8)을 식 (6-36)에 대입하여 반응조 내 활성 미생물 농도에 대한 다음 식을 얻는다.

$$X_a = \frac{\theta_x}{\theta}\frac{Y(S^0 - S)}{1 + b\theta_x} \tag{6-38}$$

이로써 주어진 시스템에서 bsCOD와 활성 미생물에 대한 해석이 완료되었다.

위와 같은 해석 요령과 6.2.2절에서 6.2.5절까지 소개한 각 지표별 시스템 물질수지 수립 방법을 적용하여 bsCOD와 활성 미생물 이외의 지표에 대해서도 슬러지 반송이 있는 CSTR 기반 steady state 생물반응 시스템 해석이 가능하다. 결과를 정리하면 다음과 같다.

반응조 및 유출수 bsCOD 농도

$$S = K\frac{1 + b\theta_x}{\theta_x(Y\hat{q} - b) - 1} \tag{6-34}$$

반응조 활성미생물 농도

$$X_a = \frac{\theta_x}{\theta}\frac{Y(S^0 - S)}{1 + b\theta_x} \tag{6-38}$$

반응조 nbVSS 농도

$$\begin{aligned} X_i &= \frac{\theta_x}{\theta}\left[X_i^0 + X_a(1 - f_d)b\theta_x\right] \\ &= \frac{\theta_x}{\theta}\left[X_i^0 + \frac{Y(S^0 - S)(1 - f_d)b\theta_x}{1 + b\theta_x}\right] \end{aligned} \tag{6-39}$$

반응조 총 VSS 농도

$$X_{VSS} = X_a + X_i$$

$$= \frac{\theta_x}{\theta}\left[X_i^0 + \frac{Y(S^0 - S)\{1+(1-f_d)b\theta_x\}}{1+b\theta_x}\right] \tag{6-40}$$

겉보기 산출량

$$Y_{obs} = \frac{X_i^0}{S^0 - S} + \frac{Y\{1+(1-f_d)b\theta_x\}}{1+b\theta_x} \tag{6-41}$$

반응조 및 유출수 SMP 농도

$$S_{UAP} = \frac{-\hat{q}_{UAP}X_a\theta K_{UAP} + k_1 r_{ut}\theta}{2} + \sqrt{\frac{\left(\hat{q}_{UAP}X_a\theta + K_{UAP} + k_1 r_{ut}\theta\right)^2 - 4K_{UAP}k_1 r_{ut}\theta}{2}} \tag{6-14}$$

$$S_{UAP} = -\frac{K_{BAP} + \left(\hat{q}_{BAP} - k_2\right)X_a\theta}{2} + \sqrt{\frac{\left\{K_{BAP} + \left(\hat{q}_{BAP} - k_2\right)X_a\theta\right\}^2 + 4K_{BAP}k_2X_a\theta}{2}} \tag{6-15}$$

여기서,

$$r_{ut} = -\frac{S^0 - S}{\theta} \tag{6-8}$$

반응조 및 유출수의 영양염 농도

$$C_n = C_n^0 + r_n\theta \tag{6-18}$$

여기서,

$$r_n = \gamma_n Y_{obs} r_{ut} = \gamma_n r_{ut}\left[\frac{X_i^0}{S^0 - S} + \frac{Y\{1+(1-f_d)b\theta_x\}}{1+b\theta_x}\right] \tag{6-42}$$

전자수용체 소모량

$$\frac{dS_a}{dt} = \gamma_a\left[Q\left(S^0 + 1.42X^0_{VSS}\right) - Q\left(S + S_{SMP} + 1.42X_{VSS}\right)\right] = Q\left(S^0_a - S_a\right) + R_a \quad (6\text{-}21)$$

위 식의 일부는 반응조 유입수 유래 입자상 유기물질의 가수분해 영향을 고려할 경우 달라질 수 있다. 이 경우에 대해서는 복잡성을 감안하여 이 책의 범위에 포함시키지 않았다.

6.3.3 고형물 체류시간과 시스템 지표 간의 관계

6.3.2절에 정리한 해석 결과를 통해 슬러지 반송이 있는 CSTR 기반 steady state 생물반응 시스템의 주요 지표는 반응조 고형물 체류시간의 함수임을 확인할 수 있다. 즉, 고형물 체류시간은 활성슬러지 공정과 같은 생물학적 반응 시스템의 성능과 상태를 결정하는 핵심 인자이다.

식 (6-34), (6-38)을 이용하여 고형물 체류시간과 반응조 및 유출수의 기질 농도 S, 반응조의 활성 미생물 농도 X_a 간의 관계를 그림 6-4에 도시하였다. 식의 결과는 어떤 고형물 체류시간 값 $\theta_x^{\min}$ 이상에 해당되는 범위에서만 그림에 굵은 실선으로 표기하였다. $\theta_x^{\min}$ 미만의 고형물 체류시간 범위에서 식 (6-34)는 유입수의 기질 농도 S^0를 초과하는 값을 내며, 식 (6-38)은 음수의 활성 미생물 농도값을 낸다. 즉, 고형물 체류시간이 $\theta_x^{\min}$ 미만일 때 우리가 도출한 식은 물리적으로 불가능한 결과를 내므로 적용이 불가하다. 이러한 결과는 생물반응 시스템에서 실제로 보이는 현상에도 어느 정도 부합한다. 생물반응 시스템에서 고형물 체류시간이 매우 짧을 경우 미생물 생장이 거의 이루어지지 않으며, 따라서 기질의 분해도 거의 관찰되지 않는다. 이러한 상태를 cell wash-out이라고 한다. Cell wash-out이 발생하지 않는 최소 고형물 체류시간 값은 그림 6-4로부터 기질 농도 곡선이 유입수 기질 농도 S^0와 만나는 지점임을 알 수 있다. 따라서, 식 (6-34)에 $S = S^0$를 대입한 후 고형물 체류시간 θ_x에 대해 풀면 cell wash-out이 발생하지 않는 최소 고형물 체류시간 $\theta_x^{\min}$을 구할 수 있다. 그 결과는 다음과 같다.

$$\theta_x^{\min} = \frac{K + S^0}{S^0\left(Y\hat{q} - b\right) - Kb} \quad (6\text{-}43)$$

한편, 그림 6-4의 개형을 통해 고형물 체류시간이 무한대로 증가할 때 기질 농도 S는 0이 아닌 어떤 값 $S_{\min}$에 도달한다는 것을 확인할 수 있다. 그 값은 식 (6-33)에서 S가 무한

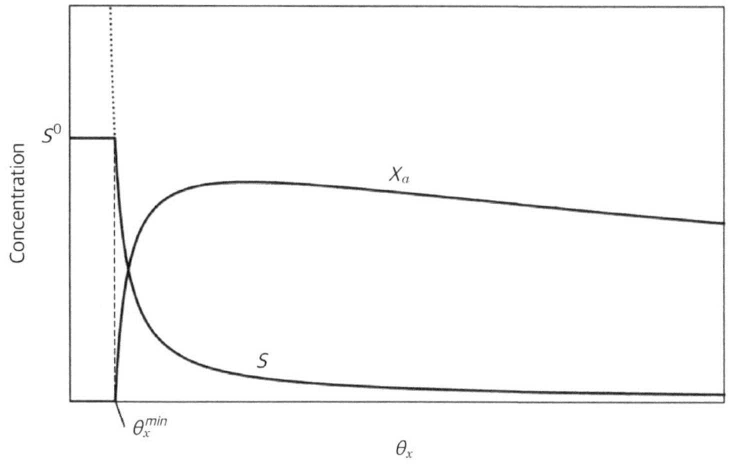

[그림 6-4] 고형물 체류시간 θ_x와 기질 농도 S 및 활성 미생물 농도 X_a의 관계

할 때의 결과와 같으며, 다음으로 구해진다.

$$S_{\min} = K\frac{b}{Y\hat{q} - b} \tag{6-44}$$

즉, 우리가 수행한 시스템 해석의 결과는 반응조 및 유출수의 기질 농도가 고형물 체류시간이 $\theta_x^{\min}$에 도달하기 전까지는 유입수 농도와 동일하다가 그 이후 고형물 체류시간 증가에 따라 감소하여 $S_{\min}$에 가까워짐을 가리킨다.

반응조 활성 미생물 농도 X_a의 경우 $\theta_x^{\min}$ 이후 그 값이 고형물 체류시간 증가에 따라 증가하다가 어느 지점에서 최댓값을 갖고 그 이후 감소하는 개형을 따른다. 물리적으로 이는 다음으로 설명 가능하다. 고형물 체류시간이 길다는 것은 합성된 활성 미생물이 더 오랜 기간 시스템에 머무른다는 뜻이므로 어느 정도 구간까지는 고형물 체류시간 증가에 따라 반응조의 활성 미생물 농도가 증가한다. 그러나 고형물 체류시간이 증가하면 감쇠(decay)가 활성 미생물 농도에 미치는 영향이 커지고 동시에 반응조 내 기질 농도가 감소하여 활성 미생물의 생산량은 줄어들므로 일정 값 이후에는 활성 미생물 농도가 감소한다. 감쇠는 nbVSS를 생성하므로 고형물 체류시간 증가로 감쇠의 비중이 커지게 되면 반응조 내 nbVSS 농도는 증가함을 유추할 수 있는데, 이는 고형물 체류시간에 따른 nbVSS 농도(X_i) 변화를 도시한 그림 6-5로부터 확인할 수 있다. 이에 따라 반응조의 VSS 농도 대비 활성 미생물 농도 (X_a/X_{VSS})는 고형물 체류시간이 증가할수록 감소한다는 것도 확인할 수 있다.

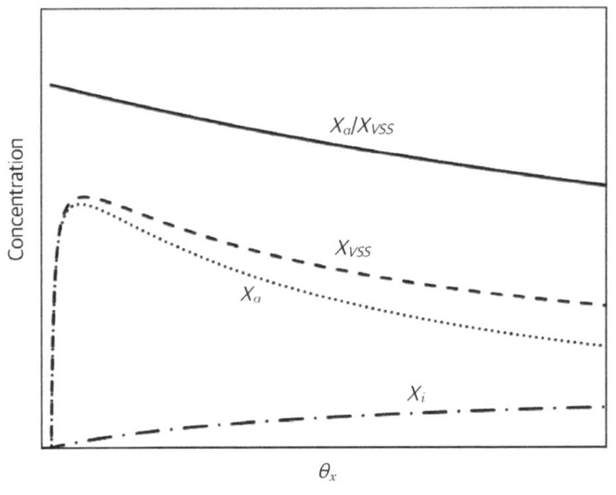

[그림 6-5] 고형물 체류시간 θ_x와 활성 미생물 농도 X_a, nbVSS 농도 X_i, VSS 농도 X_{VSS} 및 활성 미생물 농도 대비 VSS 농도 (X_a/X_{VSS})의 관계
시스템에 유입되는 nbVSS 농도는 0으로 가정함.

6.3.4 시스템의 고형물 발생량

생물반응 시스템으로부터 발생하는 고형물량은 잉여슬러지 처리공정의 설계와 운영에 중요한 정보를 제공한다. 시간당 발생하는 VSS 양 r_{VSS} $[M_{VSS} \cdot T^{-1}]$은 반응조 내 VSS의 양을 반응조의 고형물 체류시간으로 나눈 것과 같으므로 다음 식으로 표현된다.

$$r_{VSS} = \frac{X_{VSS}V}{\theta_x} = Q^0 X_i^0 + \frac{Q^0 Y(S^0 - S)\{1 + (1 - f_d)b\theta_x\}}{1 + b\theta_x} \tag{6-45}$$

시간당 발생하는 TSS 양 r_{TSS}는 유입수에 존재하는 TSS의 기여분, 활성 미생물의 기여분, 활성 미생물의 감쇠에 의해 발생하는 nbVSS의 기여분으로 나눌 수 있다. 위 식 (6-45)에서 r_{VSS} 중 유입수에 존재하는 VSS의 기여분이 $Q^0 X_i^0$으로 나타난 것과 마찬가지로 r_{TSS} 중 유입수 TSS의 기여분은 $Q^0 X_{TSS}^0$(여기서, X_{TSS}^0 = 유입수의 TSS 농도)로 나타낼 수 있다. 한편, 미생물 바이오매스(활성 미생물 및 감쇠로 발생한 nbVSS)에는 어느 정도의 FSS(즉, TSS 중 VSS를 제외한 부분)가 존재한다. r_{VSS}에서 미생물 바이오매스의 기여분은 식 (6-45) 우변의 두 번째 항이다. 미생물 바이오매스 중 VSS의 비중을 f_{VSS}라 하면, r_{TSS} 중 미생물 바이오매스의 기여분은 식 (6-45) 우변의 두 번째 항을 f_{VSS}로 나눈 것이 될 것이다. 따라서 r_{TSS}는 다음 식으로 표현할 수 있다.

$$r_{VSS} = \frac{X_{TSS}V}{\theta_x} = Q^0 X^0_{TSS} + \frac{1}{f_{VSS}} \frac{Q^0 Y(S^0 - S)\{1 + (1 - f_d)b\theta_x\}}{1 + b\theta_x} \tag{6-46}$$

7 생물학적 영양염 제거

이 장에서는 대표적인 영양염(nutrient)이라 할 수 있는 질소와 인을 오염수로부터 제거하는 생물학적 경로에 대해 소개한다. 이 장에서 소개하는 것들은 산소를 최종 전자수용체로 이용하여 암모니아성 질소를 질산성 질소로 변환하는 호기성 질산화와 질산성 질소를 질소 분자로 변환하는 종속영양 탈질, 그리고 인 축적 생물(phosphorus accumulating organism, PAO)을 이용하여 오염수 내 인을 생체 내로 축적시키는 강화된 생물학적 인 제거(enhanced biological phosphorus removal, EBPR)이다. 이 장에서 소개하는 것 이외에도 오염수와 기타 환경매질로부터 질소나 인을 제거하는 데 활용될 수 있는 생물학적 경로들이 있다. 이 중 일반적인 유기물질의 호기적 산화 과정에서 질소와 인이 미생물 생체 내로 축적된 후 잉여슬러지의 형태로 오염수로부터 제거되는 경로는 6.2.4절에 소개한 바 있다. 또한, 혐기성 조건에서 암모니아성 질소와 아질산성 질소를 동시에 제거하는 아나목스(ANAMMOX) 공정은 9.2절에서 소개한다.

7.1 호기성 질산화

암모니아성 질소(ammoniacal nitrogen, NH_3-N)는 하수, 폐수 등 오염수에 존재하는 질소의 주요한 형태 중 하나이다. 또한 요소, 단백질 등 오염수에 포함되어 있는 유기질소가 미생물에 의해 가수분해되면 암모니아성 질소가 생성된다. 이 암모니아성 질소는 암모늄이온(NH_4^+) 또는 자유 암모니아(NH_3)의 상태로 물에 용해되어 존재한다. 암모니아성 질소가 자연수계에 유입되면 용존산소를 고갈시키고, 어류 및 다른 수생생물에 암모니아로 인한 독성 영향을 야기하며, 부영양화(eutrophication)를 발생시킬 수 있다. 따라서 암모니아성 질소는 수질의 주요 지표 중 하나로 사용되며, 오염수로부터 암모니아성 질소를 적정 수준으로 처리한 후 자연수계에 방류할 필요가 있다.

7.1.1 기작과 관여 미생물

호기적 조건에서 암모니아성 질소는 산화하여 질산성 질소(NO_3-N)로 변환되며, 이를 호기성 질산화(aerobic nitrification)라 한다. 이 생물학적 과정은 서로 다른 미생물 종이 관여하는 두 단계의 결합이다. 첫 번째 단계는 암모니아성 질소가 아질산성 질소(NO_2-N)로 산화되는 것으로 이 단계를 별도로 아질산화(nitritation)라 부른다. 이 단계를 수행하는 미생물을 암모니아 산화균(ammonia-oxidizing bacteria, AOB)이라 한다. 두 번째 단계는 아질산성 질소가 질산성 질소로 산화되는 것이며, 이 단계를 수행하는 미생물은 아질산 산화균(nitrite-oxidizing bacteria, NOB)이라 한다. 분류 단계 중 속(genus)을 기준으로 했을 때, 대표적인 암모니아 산화균은 *Nitrosomonas*, 대표적인 아질산 산화균은 *Nitrobacter*이다. 이외에 암모니아 산화 능력이 있는 것으로 밝혀진 미생물 속에는 *Nitrosospira*가, 아질산 산화 능력이 있는 것들에는 *Nitrococcus*, *Nitrospina*, *Nitrospira*가 있다.

7.1.2 환경조건의 영향

호기성 질산화가 원활하게 이루어지기 위해서는 생분해성 유기물질의 농도가 낮게 유지되어야 한다. 암모니아 산화균과 아질산 산화균이 일으키는 에너지 반응은 종속영양미생물이 유기물을 호기적으로 산화하는 에너지 반응에 비해 에너지 수득량이 훨씬 적다. 따라서 생분해성 유기물질, 즉 BOD가 풍부하게 존재하는 조건에서 암모니아 산화균과 아질산 산화균은 종속영양미생물에 비해 낮은 경쟁 우위를 갖게 된다. 생분해성 유기물질과 암모니아성 질소를 모두 함유한 오염수가 유입되는 생물반응조에서 이들 질산화 세균들이 상대적인 경쟁 우위를 점하기 위해서는 오염수 내 BOD가 우선적으로 저감되어 그 농도가 충분히 낮아져야 한다. 앞서 6장에서 살펴보았듯이 생물반응조 내의 용존 BOD(또는 bsCOD) 값은 고형물 체류시간이 길수록 감소하므로, 암모니아 산화균과 아질산 산화균이 경쟁 우위를 점할 수 있는 조건은 생물반응조의 고형물 체류시간이 긴 조건이 된다. 다시 말해, 호기성 질산화가 잘 일어나기 위해서는 생물반응조를 고형물 체류시간이 길어지게 운전하여야 한다.

호기성 질산화 미생물은 호기성 종속영양미생물에 비해 용존산소 농도에 더 민감하다. 두 질산화 세부 단계에 관여하는 미생물 중에서는 아질산 산화균이 용존산소 농도에 더 민감하다. 따라서 용존산소 농도가 낮은 조건에서 질산화가 이루어질 경우 아질산성 질소의 축적이 발생할 수 있다.

질산화 미생물은 또한 pH 조건에도 상대적으로 민감한데, 최적 pH는 7.5~8.0 수준인 것으로 알려져 있다. pH가 7.0 미만이 되면 질산화 속도가 매우 느려진다. 이는 암모니아 산화균이 이용하는 암모니아성 질소의 주요 형태가 NH_3이고, 이 화학종의 농도는 pH 7.0 미만의 조건에서 총 암모니아성 질소(NH_4^++NH_3) 농도 대비 1% 미만이기 때문이다.

여러 물질이 암모니아 산화균과 아질산 산화균의 활성을 저해하는 것으로 알려져 있다. 이들 세균의 활성을 저해하는 물질 중 대표적인 것은 역설적이게도 이들 세균의 주요 기질들이다. 암모니아 산화균의 활성은 NH_3에 의해 저해된다. 총 암모니아성 질소 대비 NH_3의 분율은 pH가 높을수록 커진다. 따라서 암모니아성 질소에 의한 활성 저해 영향은 총 암모니아성 질소 농도가 높을수록, pH가 높을수록 뚜렷하게 나타난다. 아질산 산화균의 활성은 아질산의 두 존재 형태(NO_2^-, HNO_2) 중 HNO_2에 의해 저해된다. 총 아질산성 질소 대비 HNO_2의 분율은 pH가 낮을수록 커진다. 따라서 아질산성 질소에 의한 활성 저해 영향은 총 아질산성 질소 농도가 높을수록, pH가 낮을수록 뚜렷하게 나타난다. NH_3와 HNO_2 외에도 니켈, 크롬, 구리 등 금속이 질산성 미생물의 활성을 저해하는 것으로 알려져 있다.

암모니아 산화균은 독성 물질의 존재에 매우 취약하다. 유기용제, 아민류, 단백질류, 탄닌류, 페놀류, 시안화 화합물 등 다양한 물질이 암모니아 산화균에 독성 영향을 미치는 것으로 알려져 있다. 이에 따라 암모니아 산화균이 유기물질로 인한 독성을 평가하는 데 유용한 지표 미생물로 활용되기도 한다.

7.1.3 질산화의 화학양론

호기성 질산화의 두 단계에 적용되는 에너지 반응은 다음과 같다.

암모니아 산화균:	$NH_4^+ + 1.5O_2 \rightarrow NO_2^- + 2H^+ + H_2O$	(7-1)
아질산 산화균:	$NO_2^- + 0.5O_2 \rightarrow NO_3^-$	(7-2)
호기성 질산화 총괄 반응:	$NH_4^+ + 2O_2 \rightarrow NO_3^- + 2H^+ + H_2O$	(7-3)

위 반응식으로부터 호기성 질산화 과정에서 산소가 소모될 뿐 아니라 산이 생성된다(또는 알칼리도가 소모된다)는 것을 알 수 있다. 호기성 질산화 과정에서 일어나는 산소 소모량은 자연수계에 유입된 암모니아성 질소가 용존산소 농도에 미치는 영향에 대해 평가하거나, 질산화가 이루어지는 반응조에 공급해야 할 산소량을 예측하는 데 꼭 필요한 정보이다. 질산화 과정에서 산이 생성(또는 알칼리도가 소모)되므로 충분한 알칼리도가 공급되지 못하는 조건이라면 호기성 질산화가 pH 하락으로 이어질 수 있다. 질산화 미생물은 pH 조건에 민감하므로 이는 질산화 속도의 저해로 귀결될 수 있다. 따라서 호기성 질산화가 일어나는 매질(예: 오염수)이 충분한 알칼리도를 공급할 수 있는지 정량적으로 검토할 필요가 있다.

식 (7-3)의 에너지 반응에 따르면 암모니아성 질소 1몰당 소모되는 산소는 2몰이며, 이를 질량 기준으로 환산하면 4.57g O_2/g NH_3-N이다. 암모니아성 질소 1몰당 소모되는 알칼리도는 2당량(equivalent)이며, 알칼리도 2당량은 g Alk as $CaCO_3$의 단위로 100에 해당한다. 따라서 에너지 반응에 따라 소모되는 알칼리도는 7.14g Alk as $CaCO_3$/g NH_3-N이다. 질산화 미생물의 순생장이 발생하는 시스템에서 실제 산소 소모량과 알칼리도 소모량은 이 값들보다 약간 작다. 미생물 생장이 발생할 때 산소와 알칼리도 소모량이 얼마나 변화하는지 살펴보기 위해 암모니아 산화균의 f_s^0 값이 0.14, 아질산 산화균이 f_s^0 값이 0.10일 때 질산화 반응의 총괄반응식을 구하면 다음과 같다.

$$\begin{aligned} &0.526NH_4^+ + 0.87O_2 + 0.104CO_2 + 0.026HCO_3^- \\ &\quad = 0.026C_5H_7O_2N + 0.5NO_3^- + H^+ + 0.474H_2O \end{aligned} \tag{7-4}$$

위 반응식에서 암모니아성 질소 1몰당 산소 소모량은 1.65몰, 알칼리도 소모량은 1.95당량이다.

7.2 탈질

앞서 살펴보았듯이 하수나 폐수에 포함되어 있는 암모니아성 질소가 질산화에 의해 산화되면 질산이온(NO_3^-) 또는 아질산이온(NO_2^-)의 형태가 된다. 질산(HNO_3)과 질산염 화합물은 산업공정에서 널리 사용되는 물질이므로, 산업폐수에 다량의 질산이온이 포함되어 있는 경우가 많다. 또한 농축산업, 어업을 통해 토양, 지표수, 연안의 해역에 질소를 함유한 물질(비료, 퇴비, 사료, 동물의 분뇨 및 사체 등)이 과다하게 유입되면, 이 물질이 순차적인 생물반응을 거쳐 질산성 질소(NO_3-N)로 변환된다. 특히 인간 활동의 영향을 받는 지하수에서 질산성 질소는 가장 빈번하게 검출되는 오염물질 중 하나이다.

많은 조류는 질산성 질소와 아질산성 질소(NO_2-N)를 생체 합성에 이용할 수 있다. 따라서 하폐수의 질산화만으로는 자연수계 질소 유입으로 인한 부영양화 발생을 방지할 수 없다. 질산성 질소와 아질산성 질소는 또한 인체에 독성 영향을 야기한다. 실제로 독성 영향이 발생하는 것은 아질산이온 때문인데, 이 이온은 혈액의 헤모글로빈을 산화시켜 산소와 결합하지 못하는 형태로 만드는 것으로 알려져 있다. 질산이온 또한 인체에 유입되면 일부가 아질산이온으로 환원되므로 동일하게 혈액의 산소 운반 능력을 악화시킨다. 특히 혈액의 산소 운반능력이 충분히 발달하지 못한 신생아의 경우 질산성 질소나 아질산성 질소에 노출되면 큰 영향을 받을 수 있으며, 이를 메트헤모글로빈 혈증(methemoglobinemia) 또는 신생아 청색증(blue baby syndrome)이라 한다. 위와 같은 이유로 질산성 질소와 아질산성 질소는 규제와 관리, 그리고 필요할 경우 처리해야 하는 물질이다.

7.2.1 기작, 관여 미생물, 용존산소 조건

질산이온과 아질산이온을 제거하는 기작은 일반적으로 동화적 질산염 환원(assimilatory nitrate reduction)과 이화적 질산염 환원(dissimilatory nitrate reduction)으로 나뉜다. 동화적 질산염 환원은 생물이 질산성 질소 또는 아질산성 질소를 세포합성에 사용하기 위해 암모니아성 질소의 형태로 환원시키는 것을 가리킨다. 동화적 질산염 환원에 의한 질소 제거량은 생물 바이오매스의 순증가량에 비례한다. 생활하수를 포함한 많은 오염수에서 동화적 질산염 환원에 의한 질소 제거량은 오염수 내 질소 농도를 크게 저감하기에는 충분하지 못하다. 이화적 질산염 환원은 질산이온 또는 아질산이온을 최종 전자수용체로 이용하는 미생물에 의해 이 물질들이 환원되는 것을 가리키며, 이를 다른 용어로 탈질(denitrification)이라 한다. 환경조건(용존산소 농도, 온도, pH 등) 및 반응시간에 제약이 없다면 탈질로 제거되는 질소의 양은 전자공여체의 공급량에 따라 결정되며, 따라서 전자공여체(예: 생분해성 유기물질)가 풍부한 오염수에서는 이화적 질산염 환원으로 상당한 질소 저감을 기대할 수 있다.

미생물 세포로 유입된 질산성 질소는 다음과 같은 순차적인 환원반응을 거쳐 탈질되어 질소 기체로 배출된다.

$$NO_3^- \rightarrow NO_2^- \rightarrow NO \rightarrow N_2O \rightarrow N_2(g) \tag{7-5}$$

위 반응의 각 단계에는 서로 다른 효소가 작용한다. 반응의 중간생성물인 아산화질소(N_2O)는 강력한 온실가스이므로, 온실가스 관리 측면에서 탈질 반응이 끝까지 진행되어 최종 생성물인 질소 가스를 발생하도록 하는 것이 중요하다. 아산화질소는 질산화 과정에서도 중간생성물로 외부로 방출될 수 있는 것으로 알려져 있다.

4장에서 살펴보았듯이 질산성 질소가 질소 분자(N_2)로 변환되는 환원 반쪽반응은 에너지적 이점이 큰 반응이다. 따라서 많은 미생물이 질산성 질소를 최종 전자수용체로 이용할 수 있는 능력을 갖추고 있다. 유기물질을 탄소원이자 전자공여체로 이용하는 종속영양미생물(heterotroph) 중 상당히 많은 종이 호기 조건에서는 산소를 최종 전자수용체로, 무산소 조건에서는 질산성 질소나 아질산성 질소를 최종 전자수용체로 이용할 수 있는 통성 호기균(facultative aerobe)이다. 또한, 철(Fe^0, Fe^{2+}), 황(S^{2-}, S^0), 암모니아성 질소 등을 전자공여체로 사용하는 다양한 독립영양미생물(autotroph) 종들이 산소와 질산성 질소(또는 아질산성 질소)를 모두 최종 전자수용체로 이용하는 통성 호기균인 것으로 알려져 있다.

질산성 질소와 아질산성 질소는 산소(O_2)에 비해서는 미생물 생장에 덜 유리한 최종 전자수용체이므로, 용존산소 농도는 탈질에 의한 질소 제거량을 결정하는 중요한 환경요인이 된다. 수처리에서 용존산소가 거의 존재하지 않고 질산성 질소 또는 아질산성 질소가 충분히 존재하는 조건을 무산소(anoxic) 조건이라 하며, 이 조건에서 탈질이 활발히 일어난다. 무산소 조건과 대비되는 조건으로, 용존산소가 충분히 존재하는 조건은 호기(aerobic) 조건, 용존산소, 질산성 질소, 아질산성 질소가 모두 존재하지 않는 조건을 혐기(anaerobic) 조건이라 부른다.

종속영양미생물에 의해 일어나는 탈질, 즉 종속영양 탈질(heterotrophic denitrification)의 속도는 일반적으로 0.1~0.2mg/L 정도의 용존산소 조건에서 저해가 발생하고, 0.5mg/L 정도의 수준이면 탈질 속도가 크게 느려지는 것으로 알려져 있다. 그러나 탈질에 영향을 미치는 용존산소 조건은 미생물이 분산되어 존재하는지 아니면 플록(floc)이나 그래뉼(granule), 바이오필름(biofilm) 등의 형태로 존재하는지에 따라 달라진다. 이는 다수의 미생물 개체와 체외분비물 등으로 이루어진 집합체 형태인 플록, 그래뉼, 바이오필름의 경우 미생물이 노출되는 용존산소 농도가 수용액의 용존산소 농도보다 상당히 낮을 수 있기 때문이다.

7.2.2 탈질의 화학양론과 전자공여체

탈질의 반쪽반응은 다음과 같다.

$$\frac{1}{5}NO_3^- + \frac{6}{5}H^+ + e^- = \frac{1}{10}N_2 + \frac{3}{5}H_2O \tag{7-6}$$

이 반쪽반응을 통해 질산성 질소 1몰, 즉 14g이 질소 기체로 환원되면서 5당량의 전자를 내놓는 것을 알 수 있다. 산소 1몰, 즉 산소 32g이 환원되면서 내놓는 전자가 4당량이므로, 전자 1당량은 COD 8g과 같다. 따라서, 에너지 반응만 놓고 봤을 때 질산성 질소 1몰을 탈질로 환원하는 데 40g의 COD가 필요하며, 이를 단위질량으로 환산하면 2.86g NO_3-N/g COD가 된다. 미생물의 순생장이 일어나는 반응조에서는 세포 합성에도 유기물질이 사용되므로, 일반적으로 질산성 질소 단위질량당 공급되어야 하는 COD는 이 값보다 크게 된다.

종속영양 탈질로 질소를 제거하는 수처리 반응조에서 전자공여체로 작용하는 물질은 물에 용해된 생분해성 유기물질, 다시 말해서 bsCOD이다. 실제 반응조에서 이 bsCOD의 공급원에는 1) 유입수에 존재하는 bsCOD, 2) 생분해성 입자상 유기물질, 즉 bpCOD가 가수분해되어 발생하는 bsCOD, 3) 미생물의 감쇠(decay) 과정에서 발생하는 bsCOD, 4) 질소 제거효율 향상을 위해 인위적으로 반응조에 공급하는 bsCOD가 있다. bsCOD를 인위적으로 공급하기 위해 자주 사용되는 유기물에는 메탄올, 에탄올, 아세트산 등이 있다. 앞서 설명한 바와 같이, 탈질이 원활하게 이루어지기 위해서는 오염수에 존재하는 (아)질산성 질소를 환원하는 데 필요한 bsCOD가 위 공급원들에 의해 충분히 공급되어야 한다.

메탄올, 아세트산, 그리고 생활하수 유기물(화학식 $C_{10}H_{19}O_3N$으로 대표)을 각각 전자공여체로 사용하는 탈질의 에너지 반응식은 다음과 같다.

$$\text{메탄올: } \frac{1}{6}CH_3OH+\frac{1}{5}NO_3^-+\frac{1}{5}H^+=\frac{1}{6}CO_2+\frac{1}{10}N_2+\frac{13}{30}H_2O$$

$$\text{아세트산 이온: } \frac{1}{8}CH_3COOH+\frac{1}{5}NO_3^-+\frac{1}{5}H^+=\frac{1}{4}CO_2+\frac{1}{10}N_2+\frac{7}{20}H_2O$$

$$\text{생활하수: } \frac{1}{50}C_{10}H_{19}O_3N+\frac{1}{5}NO_3^-+\frac{1}{5}H^+=\frac{1}{5}CO_2+\frac{1}{10}N_2+\frac{1}{50}NH_3+\frac{13}{50}H_2O$$

위 세 에너지 반응식 모두 질산성 질소 1몰당 제거되는 수소이온은 1몰이다. 다시 말해, 질산성 질소 1몰당 생성되는 알칼리도는 1당량이다. 물론 이 값은 세포 합성에 분배되는 전자량, 유기 전자공여체의 종류에 따라 얼마간 달라질 수 있다. 그러나 대략적으로 봤을 때, 질산화 과정에서 질산성 질소 1몰당 알칼리도 2당량(또는 질산성 질소 1g당 알칼리도 7.14g as $CaCO_3$)이 소모되고, 이 중 50%인 질산성 질소 1몰당 알칼리도 1당량(또는 질산성 질소 1g당 알칼리도 3.57g as $CaCO_3$)이 회복된다고 할 수 있다.

7.2.3 탈질을 위한 수처리 공정 구성

질산화-탈질 연계공정은 생활하수와 같이 암모니아성 질소 및 유기질소가 주요 질소 종인 오염수에서 질소를 제거하는 데 자주 사용된다. 질산화-탈질 공정의 구성은 크게 후탈질 방식(post-anoxic denitrification)과 전탈질 방식(pre-anoxic denitrification)으로 나뉜다.

후탈질 방식은 유기물질 산화와 질산화가 동시에 일어나는 호기조를 전단에, 탈질이 일어나는 무산소조를 후단에 배치하는 방식이다. 이 방식에서는 반응조 배치의 순서대로 질산화와 탈질이 일어나서 질소가 제거된다. 그러나 전단의 호기조에서 생분해성 유기물이 충분히 제거되어야 질산화가 발생하며, 이는 후단 무산소조에서 활용 가능한 전자공여체의 부족으로 귀결된다는 단점이 있다. 유입수에서 유래하는 bsCOD의 대부분은 호기조에서 제거되므로, 무산소조의 탈질 미생물은 미생물의 감쇠 또는 입자상 유기물질의 가수분해로부터 발생하는 bsCOD에 의존할 수밖에 없다. 이는 무산소조에서의 탈질 속도를 크게 저해하는 요인이다. 따라서 후탈질 방식에서 충분한 탈질 속도를 얻기 위해서는 인위적으로 전자공여체를 공급하여야 하며, 이는 질소 처리의 비용을 크게 높이는 원인이 된다.

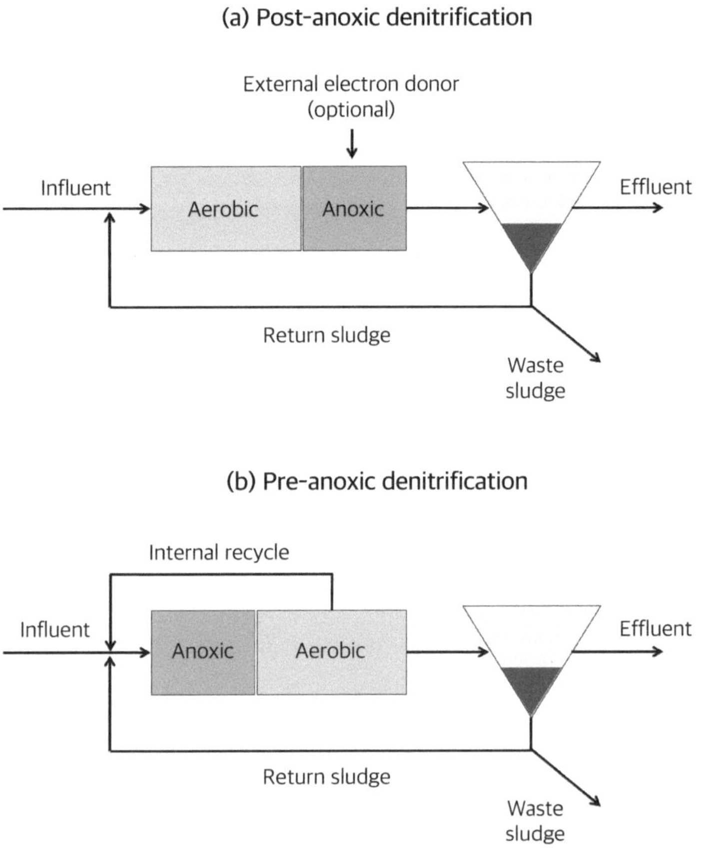

[그림 7-1]
후탈질 방식(a)과 전탈질 방식(b)의 질산화-탈질 연계공정

전탈질 방식은 탈질과 bsCOD의 저감이 일어나는 무산소조를 전단에, 질산화와 bsCOD의 추가 저감이 일어나는 호기조를 후단에 배치하는 방식이다. 이 방식에서 무산소조에 질산성 질소를 공급하는 것은 호기조에서의 내부반송(internal recycle) 및 반송 슬러지(return sludge)를 통해 이루어진다. 이러한 반송 흐름을 통해 전단의 반응조는 질산성 질소를 전자공여체로 활용할 수 있는 무산소 조건이 되면서 유입수를 통해 탈질에 필요한 전자공여체(bsCOD)를 충분히 얻게 된다. 이 방식은 인위적인 전자공여체 공급이 필요하지 않다는 장점이 있어 생활하수 처리에 자주 사용된다. 그러나 전탈질 방식은 질소처리 효율에 어느 정도 한계가 있을 수밖에 없다. 호기조에서 생성된 질산성 질소 중 일부는 침전조 유출수를 통해 시스템을 빠져나올 수밖에 없기 때문이다. 내부반송과 슬러지 반송을 모두 포함한 총반송비(반송유량과 유입수 유량의 비)를 R이라 하면, 전탈질 시스템에서 달성 가능한 최대 질소제거 효율은 $\{R/(1+R)\}\times 100\%$이다. 따라서 유입수 유량이 Q, 반송유량이 각각

Q, $2Q$, $3Q$일 때 달성 가능한 최대 질소제거 효율은 50%, 67%, 75%이다. 질소제거 효율을 높이려면 내부반송 유량을 증가시켜야 하고, 그만큼 실제 무산소조 및 호기조를 흐르는 유량이 증가하므로 반응조 크기도 커지고 혼합과 폭기에 소요되는 전력도 증가하게 된다.

7.2.4 동시 질산화-탈질

미생물 플록, 그래늎, 바이오필름 등에서는 수용액과 다른 조건이 형성된다. 플록이나 그래늎, 바이오필름의 호기성 미생물이 산소를 소모하므로 그 내부로 갈수록 용존산소 농도는 줄어든다. 이들 미생물 집합체의 두께와 수용액의 용존산소 농도가 적절한 조건에서 수용액에 근접한 외부에는 호기성 조건, 내부에는 무산소 조건이 형성될 수 있다. 이 조건에서 호기성 조건인 외부에서는 질산화가 발생하고, 이에 따라 생성된 질산성 질소와 아질산성 질소가 확산에 의해 무산소 조건인 내부로 전달되면 내부에서는 탈질이 발생할 수 있다. 즉, 적절한 조건이 형성되면 한 반응조에서 질산화와 탈질이 모두 발생하여 암모니아성 질소가 질소 기체로 변환되어 물로부터 제거될 수 있는데, 이를 동시 질산화-탈질(simultaneous nitrification-denitrification)이라 한다.

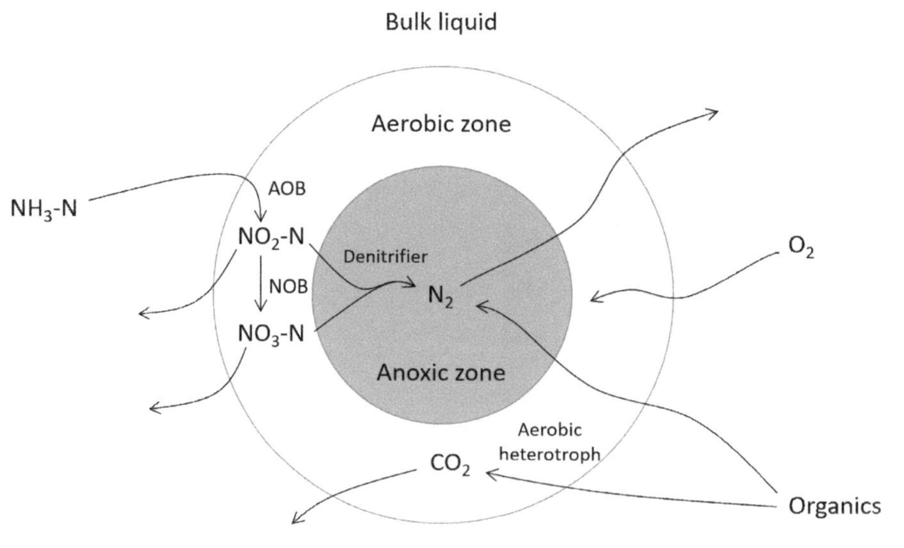

[그림 7-2] 미생물 플록 또는 그래늎에서의 동시 질산화-탈질 및 확산에 의한 물질 이동

7.3 향상된 생물학적 인 제거

하폐수의 생물학적 처리공정에서 인은 세포합성에 의해 일부 수용액으로부터 제거되나, 많은 하폐수 조건에서 질소와 마찬가지로 인도 이 기작만으로는 충분한 제거효율을 달성하기 힘들다. 세포의 인 함량은 0.015g P/g VSS 수준이며, 생활하수의 생물학적 처리공정에서 유입수의 인 중 10~20%만이 세포합성에 의해 수용액에서 제거되는 것으로 알려져 있다(Metcalf & Eddy, Aecom, 2014). 하폐수 처리의 인 제거효율을 향상시키는 방법은 크게 두 가지로 나눌 수 있는데, 하나는 금속 이온(알루미늄, 철, 칼슘 등)을 투입하여 인을 화학적으로 침전시키는 것이고, 다른 하나는 생물학적 처리의 인 제거효율을 향상시키는 것이다. 후자는 인 축적 미생물(phosphorus accumulating organism, PAO)을 이용하며, 이 방법을 향상된 생물학적 인 제거(enhanced biological phosphorus removal, EBPR)라 한다. 향상된 생물학적 인 제거는 화학적 인 침전에서 수반되는 화학물질 사용과 슬러지 발생량 증가에 따른 비용 부담에서 자유로울 수 있다는 장점이 있다.

향상된 생물학적 인 제거를 위한 하폐수 생물학적 처리공정의 가장 간단한 형태는 그림 7-3과 같다. 전단에는 혐기조가, 후단에는 호기조가 배치된다. 전탈질 방식(그림 7-1b)은 후단의 호기조에서 전단으로의 내부 반송이 있는 반면, 그림 7-3의 형태는 내부 반송이 없으므로 호기조에서 생성된 질산은 슬러지 반송에 의해서만 제한적으로 공급된다. 따라서 전단의 반응조는 무산소보다는 혐기 조건에 가깝게 운전된다. 공정의 고형물 체류시간이 짧아 호기조에서 질산화가 매우 제한적으로만 이루어진다면 전단의 반응조는 혐기 조건에 더욱 가깝게 된다. 공정에 체류하는 미생물은 혐기 조건과 호기 조건에 번갈아가며 노출된다.

그림 7-3과 같이 혐기와 호기 조건이 반복되는 환경에서는 호기성 종속영양 인 축적

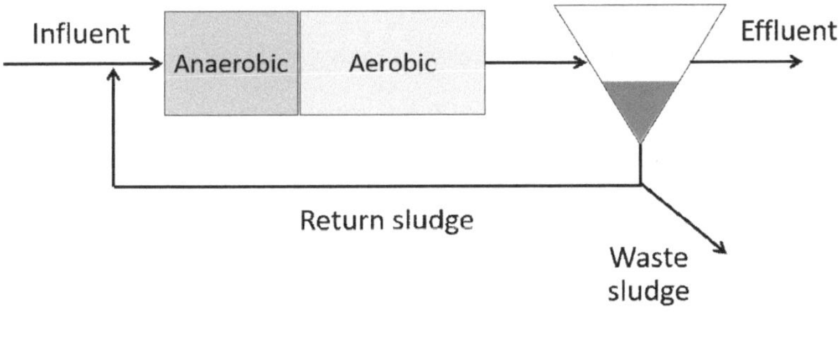

[그림 7-3] 향상된 생물학적 인 제거를 위한 하폐수 생물학적 처리공정의 기본 형태

미생물이 우점하게 된다. 이 미생물 부류는 호기 조건에서 수용액상의 인을 세포 내로 흡수하여 이를 폴리인산염(polyphosphate) 형태로 세포에 저장한다. 폴리인산염이 가수분해되면 에너지가 발생하는데, 인 축적 미생물은 혐기 조건에서 이 에너지를 이용해 수용액에 있는 휘발성 지방산(volatile fatty acid, VFA)을 세포 내로 흡수하여 이를 polyhydroxyalkanoate (PHA)라는 폴리머 형태로 저장한다. 체내에 PHA를 축적한 인 축적 미생물이 다시 호기 조건에 노출되면 수용액상의 유기물뿐만 아니라 체내의 PHA도 전자공여체로 이용할 수 있으므로 다른 호기성 종속영양미생물보다 빠른 속도로 증식할 수 있다. 이 공정에서 혐기조는 인 축적 미생물이 증식하는 반응조는 아니나, 인 축적 미생물이 다른 미생물보다 경쟁 우위에 있게 하는 핵심적인 역할, 즉 selector의 역할을 한다.

향상된 생물학적 인 제거 공정에서 혐기조와 호기조에서 일어나는 현상을 정리하면 다음과 같다. 혐기조에서는 발효 미생물에 의해 bsCOD의 일부가 휘발성 지방산으로 변환된다. 인 축적 미생물은 세포 내에 축적된 폴리인산염을 가수분해한 에너지를 사용해 휘발성 지방산을 세포 내로 흡수하여 PHA로 저장한다. 이 과정에서 폴리인산염의 가수분해 산물인 인산염(phosphate)이 세포 외로 방출되므로, 수용액상의 인 농도는 증가한다. 호기조에서는 인 축적 미생물이 bsCOD와 세포에 축적된 PHA를 이용해 생장하고, 수용액상의 인을 세포 내로 흡수하여 폴리인산염을 합성, 세포 내에 저장한다. 호기조에서는 인 축적 미생물이 증식하므로 혐기조에서 방출된 양보다 많은 양의 인이 미생물 세포에 축적되어 수용액상의 인 농도가 크게 감소한다. 호기조에서는 bsCOD의 저감 또한 이루어진다. 미생물 세포 내에 과다 축적된 인은 잉여슬러지의 형태로 공정으로부터 제거된다.

인 축적 미생물은 산소 외에도 질산성 질소와 아질산성 질소를 최종 전자수용체로 이용할 수 있다. 따라서 혐기조에 이어서 무산소조가 배치되었을 때 그 무산소조에서도 인 제거가 일어날 수 있다. 반면, 전단의 반응조에 (아)질산성 질소가 많이 공급되어 이것이 혐기 조건보다는 무산소 조건에 가깝게 운전된다면(즉, 전체 생물학적 처리공정이 전탈질 조건에 가깝게 운전된다면) 공정 내에서 인 축적 미생물이 우점하기 어렵다. 이 경우에는 인 축적 미생물이 일반적인 통성 호기균에 비해 경쟁 우위에 있을 수 없기 때문이다.

향상된 생물학적 인 제거 공정에서 전단의 반응조의 혐기 조건이 잘 형성되었더라도 인 축적 미생물과 충분히 경쟁할 수 있는 능력을 갖춘 미생물 부류가 있다. 그것은 글리코겐 축적 미생물(glycogen accumulating organism, GAO)이다. 글리코겐 축적 미생물은 폴리인산염 대신 글리코겐을 세포 내에 저장하는 능력을 갖춘 미생물이다. 이들은 혐기조에서 세포 내의 글리코겐을 이용해 휘발성 지방산을 PHA의 형태로 저장하며, 호기조에서 빠르게 생장하면서 다시 글리코겐을 저장한다. 글리코겐 축적 미생물이 인 축적 미생물에 비해 공정 내에 우점하게 되면 공정의 인 처리효율이 나빠진다. 인 축적 미생물과 글리코겐 축적 미생물의 최적 생장 조건은 조금 다른 것으로 알려져 있으며, 따라서 혐기조에 존재하는 휘발성 지방산의 구성비(특히 아세트산과 프로피온산의 구성비), pH, 온도, 고형물 체류시간 등에 따라 어떤 미생물 부류가 우점하는지가 달라지게 된다.

8 생물학적 하폐수 처리공정

미생물을 이용한 오염물질의 분해 및 변환은 생활하수, 산업폐수, 농축산폐수의 처리, 오염부지의 정화, 유기성 폐자원의 안정화 등 여러 환경공학 공정에 사용된다. 이 중에서도 하수 및 폐수의 처리공정은 생물학적 방법이 가장 오랜 기간 널리 사용되어온 공정이다. 하폐수의 생물학적 처리공정은 또한 앞서 논의했던 생물반응의 원리가 직접적으로 적용되는 현장이다. 따라서 이 장에서는 생물학적 하폐수 처리공정의 실제에 대해 살펴본다. 우선 생활하수 처리 시스템의 일반적인 구성에 대해 살펴보고, 다음으로 생물학적 하폐수 처리를 위해 설계된 다양한 공정들을 알아본다.

8.1 생활하수 처리 시스템의 일반적 구성

생활하수 처리 시스템의 일반적인 흐름도를 그림 8-1에 나타냈다. 그림에 표현된 대로 처리 과정에서 스크리닝(screenings), 침사(grit), 1차 슬러지(primary sludge), 2차 슬러지(secondary sludge) 등의 폐기물이 발생한다. 이 폐기물 각각은 수분 함량과 포함된 고형물의 성상이 다르며, 적절한 처리 과정을 거쳐 매립 또는 재활용된다. 생활하수 처리 시스템에서 발생한 폐기물의 처리 과정은 이 책에서 구체적으로 다루지 않는다. 다만, 다음 장에서 논할 혐기성 소화는 1차 및 2차 슬러지의 처리에 종종 활용되는 공정이다. 그림 8-1의 시스

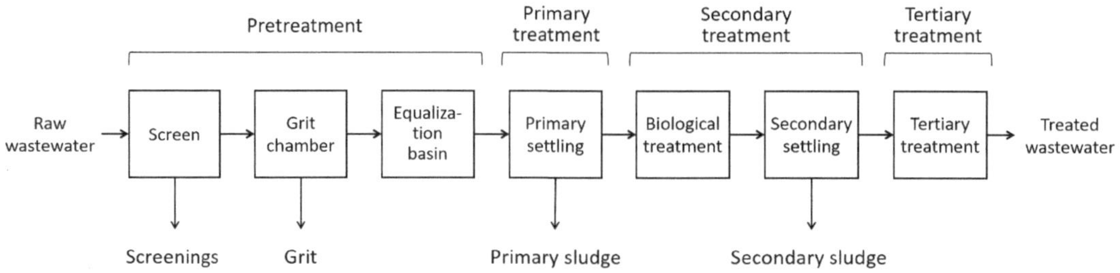

[그림 8-1] 생활하수 처리 시스템의 일반적인 흐름도

템 구성이 동일하게 모든 생활하수 처리 시스템에 적용되는 것은 아니며, 유입수의 성상과 유입수 유량의 크기 및 시간에 따른 변동성, 방류수 수질 목표 등 여러 조건에 따라 구성이 조금씩 바뀔 수 있다. 또한 새로운 개념의 수처리 공정 도입으로 시스템 구성은 얼마든지 달라질 수 있다.

일반적인 생활하수 처리 시스템은 전처리(pretreatment), 1차처리(primary treatment), 2차처리(secondary treatment)로 구성되며, 2차처리수가 방류 수질을 만족하지 못할 경우 추가 처리를 위한 3차처리 공정(tertiary treatment)을 포함할 수 있다. 3차처리는 고도처리(advanced treatment)라고도 부른다. 과거에는 2차처리 없이 1차처리수를 그대로 방류하는 방식도 종종 사용되었다. 전처리는 다음에 이어지는 처리공정의 기계적 설비와 운전에 방해되는 물질을 제거하고 처리공정의 안정성과 효율을 향상시키기 위한 작업이다. 1차처리로는 주로 중력식 침전이 사용되며, 유기성 부유물질을 하수로부터 제거하는 것이 목적이다. 일반적인 1차처리에서 유입수 TSS의 60%가량, BOD의 35%가량이 제거된다. 2차처리는 대부분 생물학적 공정으로 이루어지며, 대부분의 생물학적 공정은 생물반응조 이후 미생물 및 기타 부유입자를 가라앉히고 깨끗한 상징수를 배출하기 위한 2차 침전조를 둔다. 3차처리는 방류수 수질을 추가적으로 향상시키기 위한 공정이므로, 2차처리수의 수질 및 최종 방류수 수질 목표에 따라 다양한 공정을 적용할 수 있다. 3차처리에서 추가 제거를 목표로 하는 물질에는 BOD, TSS, 질소, 인, 난분해성 유기물질 등이 있다.

8.1.1 전처리

생활하수에는 매우 다양한 물질이 포함되어 있으며, 여기에는 수 밀리미터 이상으로 크기가 큰 협잡물도 포함된다. 입도가 큰 물질이 후단 공정에 유입되면 기계적 설비에 손상을 야기하며, 반응조와 배관, 수로에 축적되어 오염과 처리효율 저감으로 이어질 수 있다. 큰 크기의 협잡물을 하수로부터 제거하는 데에는 일반적으로 창살 형태의 바 스크린(bar screen)이 사용된다. 이 바 스크린은 일반적으로 눈 크기가 6mm를 넘는 것을 사용한다.

침사지(grit chamber)는 침전성이 높은 부유입자를 침전시켜 제거하는 공정이다. 생활하수에는 모래, 자갈, 유리 조각 등이 포함되어 있으며, 이들은 생분해성 유기물 입자에 비해 침강속도가 훨씬 빠르다. 이러한 물질을 침사(grit)라 하는데, 이를 분리하여 침전시킬 경우 탈수성이 우수하고 생물학적으로 안정되므로 처분이 용이하다. 반면, 침사가 후단 처리공정에 유입될 경우 반응조와 배관, 수로에 침전되어 축적될 수 있고, 펌프 등 기계 설비의 마모와 고장을 야기한다.

침사지의 유형에는 수평흐름식 침사지(horizontal-flow grit chamber), 폭기식 침사지(aerated grit chamber), 와류식 침사지(vortex grit chamber) 등이 있다. 각 침사지 유형의 구체적인 형태는 하수처리 공정을 자세히 다룬 다른 교과서들을 참고하도록 한다. 이러한 침사지 유형들은 모두 생분해성 유기물 입자는 부유상을 유지하되 침사를 선별적으로 침전시키는 적절한 난류(turbulence) 조건을 형성하기 위해 고안되었다.

생활하수 처리장 유입수의 유량은 일중 시간에 따라 변화한다. 유입 유량은 야간보다 주간에 크고, 주간에서도 일반적으로 아침과 저녁에 크게 나타난다. 유량 조정조(flow equalization basin)는 이러한 유량 변화의 폭을 감소시켜 후단 처리공정이 안정적으로 운전되게 하는 데 목적이 있다. 생활하수 처리장 유입수는 오염물질 농도에서도 일중 시간에 따른 변화가 나타나는데, 유량 조정조는 이러한 시간에 따른 농도 변화 또한 감쇠하는 역할을 한다.

유량 조정조는 on-line 방식 또는 off-line 방식으로 설치할 수 있다. On-line 방식은 모든 유입수가 유량 조정조를 거치며, 유량과 오염물질 농도의 변동성을 크게 감쇠시킬 수 있다. Off-line 방식은 정해진 유량 이상이 유입될 경우 그 잉여분이 유량 조정조에 저장되고, 유량이 작은 시점에 이것을 후단 공정에 추가 유입시키는 식으로 운전된다. 이 방식에서는 오염물질 농도 변동성을 감쇠하는 효과를 크게 기대하기는 어려우나, on-line 방식에 비해 양수에 에너지가 적게 소모된다.

생활하수 처리에 유량 조정조를 둠으로써 얻을 수 있는 장점은 후단 처리공정의 안정성과 효율이 향상되고 운전이 용이해진다는 것이다. 생물학적 처리공정, 물리적 침전, 여과, 화학적 처리 등 모든 후단의 공정은 시간에 따른 유량과 농도의 변동성이 적을수록 안정성

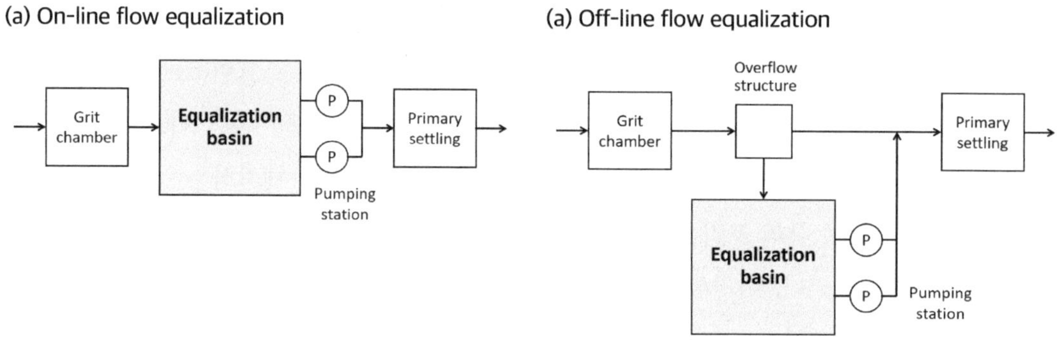

[그림 8-2] 유량 조정 방식: (a) on-line, (b) off-line

이 높아진다. 또한, 유량과 농도 변동성이 적으면 여과의 역세정 주기, 화학약품 투입량 등을 일정하게 유지할 수 있으므로 운전이 훨씬 쉬워진다. 유량 조정을 실시하면 후단 처리공정의 크기를 줄일 수 있다는 장점도 있다. 유량 조정조를 둘 때의 단점으로는 유량 조정에 추가적인 부지 소요와 자본 비용, 유지관리 수요가 발생한다는 것이다. 유량 조정조에서 발생하는 악취로 인한 문제 또한 단점으로 꼽을 수 있다. 유량 조정조 설치는 장단점이 모두 존재하므로, 현장 조건에서 면밀히 평가하여 유량 조정조의 설치 여부를 결정할 필요가 있다.

8.1.2 1차처리와 2차처리

1차처리와 2차처리는 생활하수 처리의 주요 목표인 BOD 및 TSS 저감을 달성하는 핵심 공정이다. 생물학적 공정이 사용되는 2차처리에 대해서는 다음 절에서 구체적으로 다루고, 여기에서는 1차처리에 대해 간략히 살펴본다.

1차처리는 침사지에서 잔류하는 부유상 물질의 제거를 주요 목표로 하며, 이는 주로 유기성 물질이다. 수표면에 부유하는 가벼운 물질 또한 1차처리에서 제거하는데, 이를 스컴(scum)이라 한다. 1차처리에는 일반적으로 중력식 침전이 사용되며, 경우에 따라서는 세목스크린(fine screen), 미세목 스크린(microscreen)이 사용되기도 한다. 일반적이지는 않으나, 1차 침전조에서의 TSS 제거효율을 높이기 위해 응집제를 투여하는 경우도 있다.

1차 침전조에는 크게 장방형 침전조(sedimentation tank)와 원형 침전조(circular tank) 유형이 있다. 장방형 침전조는 소요 부지가 상대적으로 적고 설계와 건설, 확장이 용이하며, 스컴의 제거 또한 효율적이라는 장점이 있다. 이상적인 조건에서 원형 침전조는

TSS의 제거효율이 상대적으로 높다는 장점이 있다. 원형 침전조는 유입수가 침전조 중앙으로 유입되는 center-feed 방식과 원 바깥으로부터 유입되는 peripheral-feed 방식이 있는데, 하수처리에는 center-feed 방식이 주로 사용된다.

1차 침전조의 설계 인자에는 여러 가지가 있는데, 여기에서는 이 중 핵심적인 설계인자인 체류시간(retention time)과 월류율(overflow rate)에 대해서만 소개한다. 체류시간은 5장에서 논의한 바와 같이 유효부피를 유량으로 나눈 값이며, 일반적인 하수처리에서 1.5~2.5시간 정도의 체류시간을 둔다. 월류율은 침전조의 TSS 제거율을 결정하는 가장 핵심적인 인자이다. 월류율 $v_o([L \cdot T^{-1}])$는 다음 식으로 정의한다.

$$v_o = \frac{Q}{A_c}$$

여기서, $Q([L^3 \cdot T^{-1}])$는 유량, $A_c([L^2])$는 침전조의 수표면적이다. 침전조의 월류율이 작을수록 더 침전성이 나쁜 입자까지 더 높은 효율로 제거할 수 있게 된다.

8.1.3 3차처리

3차처리 또는 고도처리는 2차처리수를 추가적으로 처리하여 더 깨끗한 방류 수질을 달성하는 것을 목표로 한다. 생활하수 처리장 방류수로 인한 자연수계 수질 영향을 최소화하기 위하여 방류수 수질기준이 강화되고 규제 오염물질의 종류가 늘어나면서 3차처리를 도입하는 하수처리장이 전 세계적으로 크게 증가하는 추세이다. 하수처리수를 수자원으로 활용하는 비음용 재이용, 또는 간접 음용 재이용 사례가 증가하는 것 역시 하수처리에 3차처리를 도입하는 요인으로 작용한다.

3차처리로 자주 사용되는 공정으로는 입상여과(granular filtration), 막여과(membrane filtration), 화학적 인 제거(chemical phosphorus removal), 입상 활성탄 흡착(granular activated carbon adsorption) 등이 있다. 입상여과와 막여과는 TSS의 추가적인 제거가 주요 목표이다. 입상여과는 주로 모래 여과지를 사용하며, 일정 주기로 역류세정(backwash)을 실시하여 여과지에 축적된 입자를 제거한다. 막여과는 통과시키는 물질의 크기에 따라 역삼투(reverse osmosis), 나노여과(nanofiltration), 한외여과(ultrafiltration), 정밀여과(microfiltration)로 나뉜다(통과하는 물질의 크기가 작은 것부터 큰 것 순으로). 하수의 3차처리로는 정밀여과나 한외여과가 사용된다. 화학적 인 제거는 약품을 투입하여 인을 금속염 형태로 침전시키는 방식이 일반적이며, 널리 사용되는 약품으로는 염화제이철(ferric chloride, $FeCl_3$), 명반(alum, $Al_2(SO_4)_3$), 폴리염화인산(polyaluminum chloride, PAC), 석회(lime, $Ca(OH)_2$)가 있다. 입상 활성탄 여과는 활성탄의 강한 유기물질 흡착력을 이용하여 생물학적 공정에서 처리할 수 없는 난분해성 유기물질을 제거한다. 입상 활성탄을 여과지 또는 흡착탑에 충전한 후 물을 통과시켜 정화하고, 활성탄의 흡착 용량이 포화되면 신탄 또는 재생탄으로 교체한다.

8.2 생물학적 하수처리 공정의 유형

생물학적 수처리 공정은 크게 부유상 생장(suspended growth) 공정과 부착식 생장(attached growth) 공정으로 나뉜다. 부유상 생장 공정은 미생물이 물에 부유된 덩어리인 플록, 그래뉼 등의 형태로 반응조에 존재하면서 오염물질을 분해하며, 부착식 생장 공정은 미생물이 부착되어 바이오필름을 형성할 수 있는 표면을 제공하여 바이오필름의 미생물이 오염물질을 분해하는 공정이다. 부유상으로 생장하는 미생물과 부착식으로 생장하는 미생물을 모두 활용하는 하이브리드(hybrid) 공정도 종종 사용된다.

8.2.1 부유상 생장 공정

하폐수 처리를 위한 부유상 생장 공정의 대부분은 활성슬러지 공정(activated sludge process) 또는 그의 변법으로 본다. 활성슬러지 공정의 기본 구성은 부유상으로 생장하는 미생물이 있는 반응조에 폭기(aeration)를 실시하여 오염물질의 호기적 분해를 발생시키는 부분과 중력식 침전 등을 이용하여 물과 미생물을 포함한 고형물을 분리하는 부분, 그리고 분리된 고형물을 반응조로 반송시키는 시스템이다. 활성슬러지 공정은 1910년대에 최초로 발명되었으며, 이후 현재에 이르기까지 하폐수 생물학적 처리의 가장 전형적인 방법으로 널리 적용되고 있다. 재래식 활성슬러지 공정의 기본 형태는 그림 6-1에 나타낸 것과 같다. 일반적으로 폭기는 반응조 하부에 설치된 산기장치에 의해 이루어지며, 폭기를 통해 미생물과 오염물질의 충분한 접촉을 위한 혼합이 이루어질 수 있으므로 혼합을 위한 기계장치를 추가하지는 않는다.

① BOD 제거를 위한 부유상 생장 공정

이 절에서는 BOD 제거를 목적으로 하는 부유상 생장 공정에 대해 소개한다. 생활하수의 2차처리는 BOD의 생물학적 제거 이외에도 질소와 인의 생물학적 처리를 그 목표로 할 수 있는데, 이 공법들에 대해서는 다음 절에서 소개한다. BOD 제거를 목적으로 하는 공정의 고형물 체류시간이 길어지게 운영하면 충분한 질산화를 달성할 수 있으므로, 이 절에서 소개하는 부유상 생장 공정은 질산화 달성이 가능한 것들이다. 재래식 활성슬러지 공정의 작동 원리는 6장과 이 장의 앞부분에서 충분히 소개했으므로 이 절에서는 이를 제외한 공정들에 대하여 논한다.

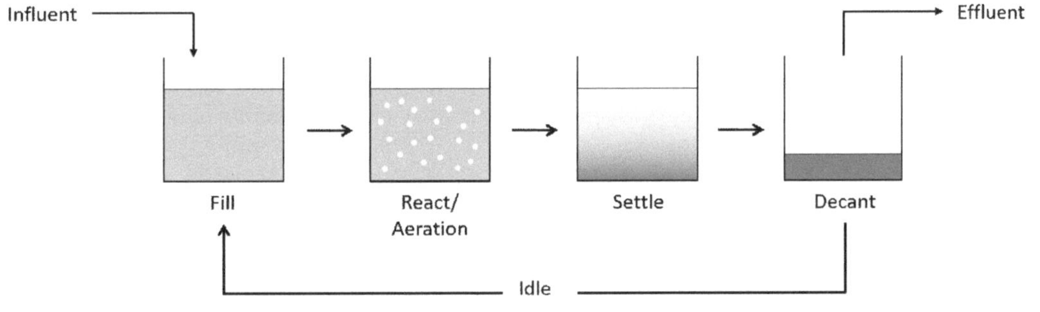

[그림 8-3] 연속 회분식 반응조의 작동 방식

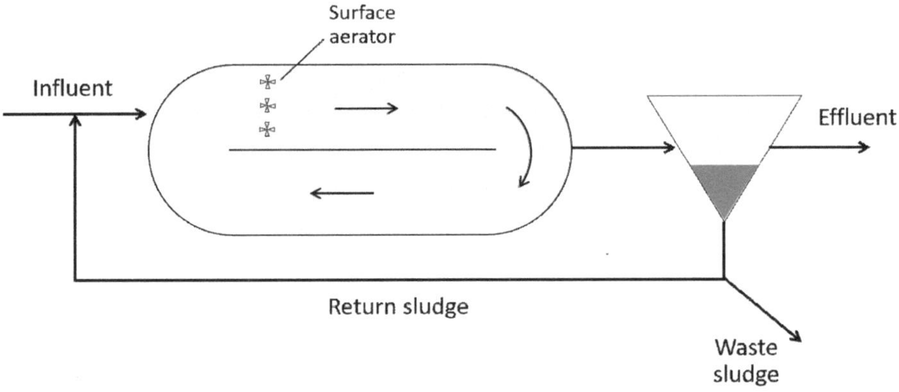

[그림 8-4] 산화지의 기본 구성

연속 회분식 반응조(sequential batch reactor, SBR)는 한 반응조에서 생물학적 반응과 침전이 모두 이루어지는 시스템으로, 유입유량이 일정하지 않은 소규모 하수처리장이나 산업폐수 처리장에 활용도가 높다. 이 시스템은 시간에 따라 유입(Fill)−반응/폭기(React/Aeration)−침전(Settle)−배출(Decant)−휴지(Idle)의 순으로 운영된다.

산화지(oxidation ditch)의 반응조는 일반적으로 육상 경기장의 트랙과 유사한 형태로 설계하는데, 오염수가 트랙을 천천히 흐르면서 부유하고 있는 미생물에 의해 정화된다. 일반적으로 트랙의 한 지점에 기계식으로 수표면에 교란을 일으켜 대기 중 산소의 오염수로의 확산을 유도하는 표면폭기장치(surface aerator)를 둔다. 산화지의 수리학적 체류시간은 일반적인 활성슬러지 공정보다 훨씬 길게 유지한다. 즉, 산화지는 활성슬러지 공정보다 집약도가 낮은 조건에서 생물반응을 유도하는 시스템으로, 에너지 사용이 적은 대신 보다 넓은 부지가 필요하므로, 주로 교외 지역의 하수처리장에 적용성이 높다.

막생물반응기(membrane bioreactor, MBR)는 재래식 활성슬러지 공정보다 집약도가 높은 시스템이다. 이 시스템은 고액분리에 침전조 대신 정밀여과(microfiltration) 또는 한외여과(ultrafiltration)를 사용한다. 생물반응조 하류에 설치된 이 막여과 설비는 진공압에 의해 물을 빨아들인다. 막생물반응기는 재래식 활성슬러지 공정에 비해 여러 이점이 있다. 첫째, 막생물반응기는 훨씬 부지면적 소요가 적다. 막생물반응기는 침전조가 필요하지 않고, 재래식 활성슬러지 공정에 비해 높은 BOD 부하량(반응조 부피 대비 시간당 BOD 유입량)을 감당할 수 있으므로 폭기조 자체의 부피도 소형화할 수 있다. 둘째, 슬러지의 낮은 침전성으로 인한 운영상의 문제가 발생하지 않는다. 활성슬러지 공정에서 유출수 수질이 악화되는 주요 원인 중 하나가 슬러지의 낮은 침전성에 의한 고액분리 효율 악화인데, 막생물반응기는 이러한 문제로부터 자유롭다. 셋째, 막여과의 부유물질 제거효율이 일반적인 2차 침전조보다 우수하므로, 부유물질 함량이 낮은 양질의 유출수를 생산할 수 있다. 부유물질 측면에서 막생물반응기 유출수의 수질은 재래식 활성슬러지 공정(2차처리)과 입상여과(3차처리)를 결합한 공정의 수질과 유사한 것으로 알려져 있다. 막접촉반응기의 단점으로는 막오염(membrane fouling) 제어의 어려움, 높은 에너지 비용 등이 있다. 특히 막오염은 막여과 시 발생하는 수두손실을 크게 증가시키며, 막오염 제어를 위해 정기적인 막 세척을 실시할 필요가 있고, 막의 영구적인 기능 저해가 발생할 경우 높은 교체 비용이 발생한다.

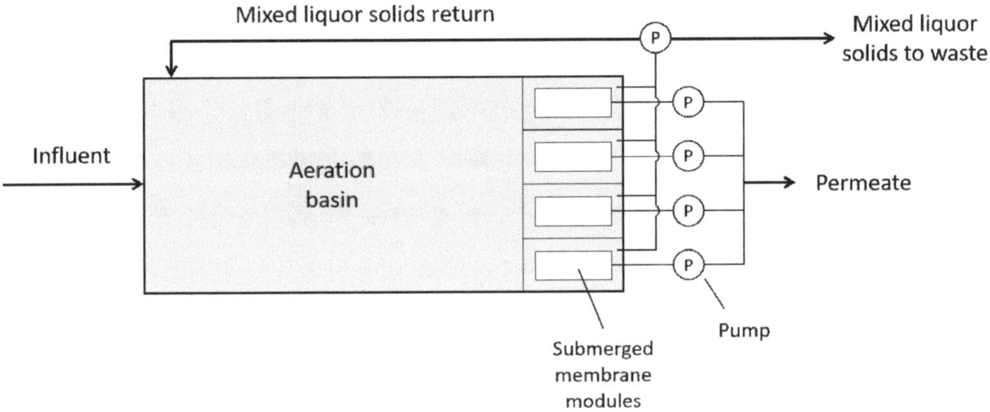

[그림 8-5] 막생물반응기 구성 개요도

② 향상된 질소 및 인 제거를 위한 부유상 생장 공정

7장에서 살펴본 바와 같이, 부유상 생장 공정을 분획하여 무산소 조건을 추가함으로써 탈질에 의한 질소 제거를 달성할 수 있고, 혐기 조건을 추가함으로써 인 축적 미생물이 우점할 수 있는 조건을 조성하여 향상된 생물학적 인 제거(enhanced biological phosphorus removal)를 달성할 수 있다. 이러한 방식은 재래식 활성슬러지 공정을 개조하여 구현할 수 있어 기존의 하수처리장을 비교적 적은 비용으로 개조하여 질소 및 인 처리효율을 개선하는 데 유용하다.

생활하수의 BOD 및 질소 제거에 널리 이용되는 생물학적 공정 중 하나는 Modified Ludzack-Ettinger(MLE) 공정이다. 이 공정은 7장에서 소개한 전탈질 방식(pre-anoxic denitrification)의 기본적인 형태를 띤다. 앞서 소개한 바와 같이, 후단의 폭기조에서는 BOD 제거와 질산화가 이루어지며, 내부반송 및 슬러지 반송으로 공급되는 질산성 질소를 이용하여 전단의 무산소조에서 BOD 제거와 탈질이 이루어진다. 내부반송비(내부반송 유량과 유입수 유량의 비)는 일반적으로 2에서 4 범위로 운영된다.

향상된 생물학적 인 제거를 달성하는 반응조의 기본적인 형태는 7장에서 논의한 바와 같이 그림 8-6b의 형태이며, 이를 Anaerobic/Aerobic(A/O) 공정이라 한다. 여기서 혐기조(anaerobic tank)는 인 축적 미생물을 우점하게 하는 selector의 역할을 하며, 폭기조에서 BOD 제거와 인 축적 미생물에 의한 인의 과잉 섭취가 일어나고, 공정으로부터의 인 제거는 잉여슬러지 폐기에 의해 이루어진다.

Anaerobic/Anoxic/Aerobic(A^2O) 공정은 생물학적 처리의 질소와 인 제거 효율을 동시에 향상시키는 데 널리 사용된다. Selector로서 혐기조가 가장 전단에 위치하고, 그다음 무산소조, 폭기조 순으로 배치된다. 폭기조에서 질산화를 통해 생성된 질산성 질소는 무산소조로 내부반송되어 탈질에 사용된다. 이 공정의 인 제거 효율은 일반적으로 A/O 공정보다 높은 것으로 알려져 있다. 이것은 A/O 공정에서 슬러지 반송 시 폭기조에서 생성된 질산성 질소가 혐기조에 유입되어 탈질 미생물의 전자수용체로 이용됨으로써 혐기조의 selector로서의 기능을 방해하는 반면, A^2O 공정에서는 질산성 질소의 상당 부분이 무산소조에서 제거되어 반송 슬러지에 포함된 질산성 질소의 양이 상대적으로 작아지기 때문이다.

7장과 이번 절에서 논의한 질소 및 인의 생물학적 처리 효율에 관여하는 일반적인 사항을 정리하자면 다음과 같다. 질소 제거를 위해서는 긴 고형물 체류시간으로 폭기조를 운전하여 질산화를 달성하고, 무산소조를 통해 탈질 반응을 유도하여야 한다. 전탈질 방식은 유입수에 포함된 BOD를 이용하여 탈질을 달성한다는 측면에서 경제성이 있으나, 내부반송 및 슬러지 반송에 의해 질산성 질소가 공급되는 시스템이므로 질소 처리효율은 반송비에 따라 한정된다. 향상된 생물학적 인 제거를 위해서는 인 제거 미생물이 비교우위를 점할 수 있도록 혐기조가 배치되어야 한다. 혐기조에 질산성 질소 등 전자수용체가 유입되면 혐기조의 selector로서의 기능에 제약을 가져온다.

이러한 원리를 활용하여 보다 높은 생물학적 질소 및 인 제거효율을 달성하기 위한 다양한 처리 시스템 구성이 제안된 바 있다. 여기에서는 널리 알려진 두 시스템에 대해서만 추가적으로 소개한다. Modified Bardenpho process는 혐기조-무산소조-폭기조-무산소조-폭기조 순으로 반응조를 배치한다. 첫 폭기조에서 생성된 질산성 질소는 첫 무산소조로 반송되어 탈질에 의해 제거된다. 후단에 무산소조를 하나 더 배치하여 첫 폭기조에서 후단으로 전달되는 질산성 질소를 탈질시킴으로써 전체 시스템의 질소 제거효율을 향상시킨다. 후단의 무산소조에서는 외부 탄소원을 공급하여 더 높은 질소 제거효율을 달성할 수도 있다. 마지막 단에는 수리학적 체류시간이 짧은 폭기조를 배치하는데, 여기에서 이루어지는 산소 공급으로 침전조의 용존산소가 지나치게 낮아지는 것을 방지한다. 침전조에 혐기성 조건이 형성되면 인 축적 미생물이 인을 세포 외로 방출하여 유출수의 인 농도가 높아질 수 있다. University of Cape Town(UCT) 공정의 반응조 배치는 A^2O 공정과 동일하다. 다만, 반송 슬러지는 혐기조가 아닌 무산소조로 공급되고, 무산소조에서 혐기조로의 내부반송이 추가된다. 이렇게 하여 반송 슬러지에 포함된 질산성 질소가 혐기조로 직유입되어 혐기조에서 탈질

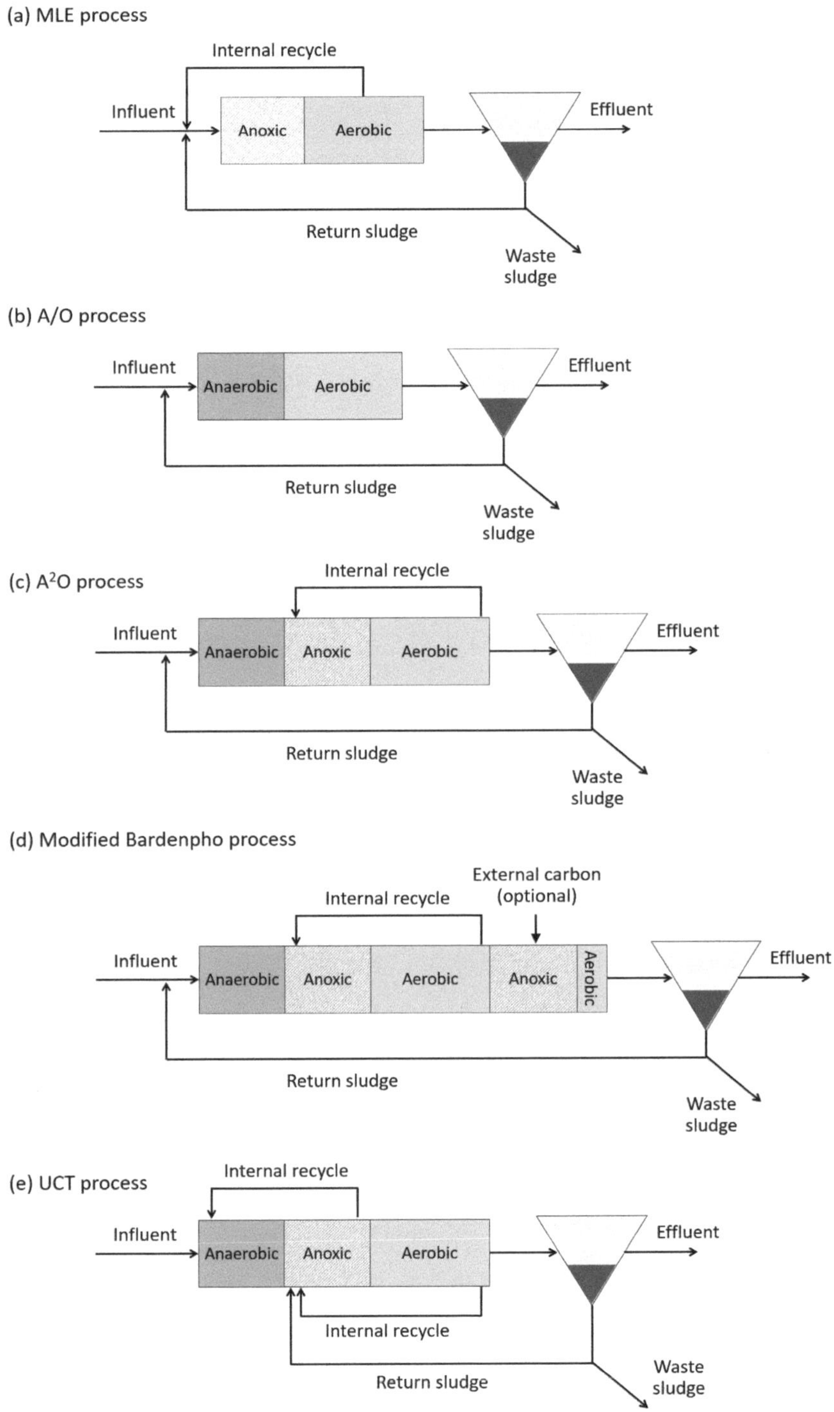

[그림 8-6] 향상된 질소 및 인 제거를 위한 생물학적 하수처리 공정: (a) MLE process, (b) A/O process, (c) A^2O process, (d) Modified Bardenpho process, (e) UCT process

반응이 일어나는 것을 방지하고 혐기조의 selector 기능이 보다 원활하게 이루어질 수 있게 하는 한편, 혐기조에 미생물을 공급한다.

8.2.2 부착식 생장 공정과 하이브리드 공정

부착식 생장 공정과 부유상·부착식 하이브리드 공정에도 다양한 유형이 있다. 여기에서는 이중 대표적인 것들로 살수여상법(trickling filter), 회전원판법(rotating biological reactor), 호기성 여상법(biological aerated filter), 유동상 생물 반응기(fluidized bed bioreactor), 유동성 생물막 담체 공정(moving bed biofilm reactor)을 소개한다.

살수여상법은 여재(filter media)로 채워진 층에 오염수를 뿌려서 여재에 형성된 생물막(biofilm)으로 BOD를 제거하는 방법이다. 여재는 미생물이 잘 부착하여 생장할 수 있도록 표면이 거칠고 배수와 통기가 잘 되도록 공극이 커야 하며, 주로 자갈이나 쇄석, 플라스틱, 세라믹 등을 사용한다. 여재의 공극이 물로 포화되지 않도록 살수를 실시하며, 산소의 공급을 보다 원활히 하기 위해서 하부에서 공기를 공급하는 경우가 많다. 회전원판법은 오염수에 40% 정도 잠겨 회전하는 원판에 부착된 생물막에 의해 BOD를 제거하는 방법이다. 생물막은 물에 잠겨 있을 때 오염수 내의 유기물을 세포 내로 흡수하고, 공기 중으로 노출되었을 때 대기의 산소를 흡수하여 유기물을 분해한다. 호기성 여상법은 살수여상법과 달리 여재의 공극이 완전히 포화된 상태로 운전하며, 따라서 폭기가 필수적이다. 호기성 여상법은 하향류(downflow)와 상향류(upflow), 두 방식으로 모두 설계할 수 있다. 유동상 생물 반응기는 상향류로 설계하는데, 여재가 완전히 가라앉아 유동하지 않는 상향류 호기성 여상법과 달리 유동상 생물 반응기에서 생물막을 지지하는 담체는 상향류 흐름에 의해 팽창되어 유동한다. 이에 따라 유동상 생물 반응기의 담체 입자 사이에는 충분한 간격이 확보되며, 이는 산소 전달 측면에서 이점이 있다. 유동상 생물 반응기에서는 처리효율 향상을 위해 처리수 일부를 반송하고, 이때 추가적인 산소 공급을 위해 처리수에 폭기를 실시하는 경우가 많다. 유동성 생물막 담체 공정은 매체에 부착하여 생장하는 미생물과 부유상으로 생장하는 미생물을 모두 활용하는 하이브리드형 공정이다. 이 공정은 활성슬러지 공정의 폭기조에 생물막이 부착할 수 있는 담체를 추가하는 개념이다. 이러한 방법으로 폭기조의 미생물량을 높게 유지할 수 있으며, 따라서 높은 유기물질 부하량을 감당할 수 있게 된다. 다양한 재질과 형상의 담체가 개발되어 유동성 생물막 담체 공정에 활용되고 있다.

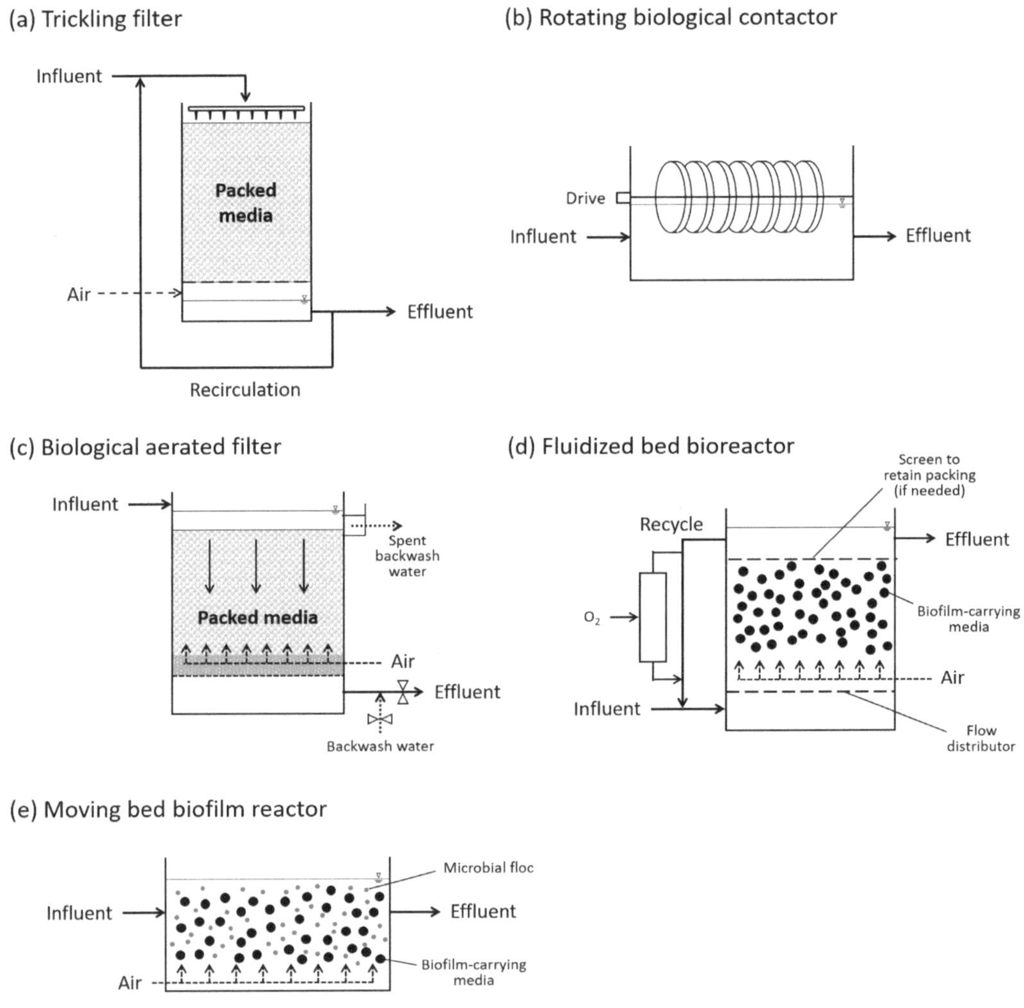

[그림 8-7] 부착식 생장 및 하이브리드 하폐수 처리공정의 개념도: (a) Trickling filter(살수여상법), (b) Rotating biological contactor(회전원판법), (c) Biological aerated filter(호기성 여상법), (d) Fluidized bed bioreactor(유동상 생물 반응기), (e) Moving bed biofilm reactor(유동성 생물막 담체 공정)

대부분의 부착식 생장 공정과 하이브리드 공정의 후단에는 고액분리 설비를 설치하여야 하며, 부유상 생장 공정과 마찬가지로 고액분리는 대부분 침전으로 이루어진다. 이는 미생물의 생장 및 생물막에 가해지는 수리전단으로 생물막의 미생물 일부가 떨어져나가 부유상 생장 공정의 유출수에 어느 정도 수준의 고형물이 존재하기 때문이다. 다만, 호기성 여상법에서는 여재가 충분한 여과 기능을 수행하므로 별도의 고액분리 설비가 후단에 설치되지 않는 경우가 많다.

9 에너지 회수형, 에너지 절약형 생물학적 하폐수 처리공정

선진국의 하폐수 처리는 1910년대의 활성슬러지 공법 개발, 20세기 후반 하폐수 처리시설의 보급 확대를 통해 현재의 체계를 갖추고 있다. 20세기 후반에 널리 보급되기 시작한 하폐수 처리시설의 주요 구성은 중력식 침전에 의한 하폐수의 1차처리와 미생물 활성을 이용한 2차처리이다. 근래에는 생물학적 처리공정의 개조와 고도 처리공정 도입으로 하폐수 처리시설에서 방류되는 영양염, 부유물질, 독성 미량오염물질 등의 농도를 좀 더 낮추는 한편, 과거에 처리시설을 거치지 않고 자연수계로 유입되었던 비점오염원(합류식 관거 월류수, 도심 및 농경지의 우수유출수 등)을 적정하게 처리하여 자연수계의 수질을 보다 향상시키려는 노력이 선진국을 중심으로 이루어지고 있다. 수처리에 대한 이러한 노력은 경제적인 방법으로 자연수계의 오염물질 유입 부하를 최소화하는 것을 핵심 목표로 하고 있다.

현재 인류는 인구 증가, 온실가스 배출로 인한 기후 위기, 자원 고갈과 같은 심각한 전지구적 문제에 직면해 있다. 이러한 문제들은 머지않아 각 나라가 그 중점 목표를 경제 발전에서 지속가능한 사회 구축으로 전환하도록 강제하게 될 것이다. 따라서 하폐수 처리에서도 하폐수 내 오염물질 농도 저감을 통한 자연수계 보호와 경제성이라는 기존의 두 목표와 함께 지속가능한 처리 시스템 구축이 주요 목표로 자리 잡아 가고 있다.

8.1절에서 소개한 것과 같은 하폐수 처리 시스템은 상당한 에너지 소모를 수반한다. 일례로, 미국 하폐수 처리시설에서 사용되는 전기에너지는 미국 전체 전기에너지 사용량의 3%에 이른다(USEPA, 2006). 한편, 하폐수는 그 안에 상당한 에너지원을 보유하고 있다. 하폐

수에 존재하는 유기물질은 산화를 통해 에너지를 방출할 수 있으며, 질소·인 등의 영양염은 적정하게 회수하여 활용할 경우 화학비료 생산 에너지를 절감할 수 있는 자원이다. McCarty 등(2011)이 발표한 생활하수 내 잠재 에너지 산출 결과에 따르면, 유기물질이 기여하는 잠재 에너지량은 1.93kWh/m^3, 질소·인 화학비료 생산 에너지 대체에 따른 에너지 절감량은 0.79kWh/m^{3}에 달하며, 이는 생활하수 처리를 위한 에너지 사용량 0.6kWh/m^{3}를 훨씬 상회한다. 또한 생활하수는 일반적으로 대기 및 자연수보다 온도가 높으며, 히트펌프를 통해 생활하수가 보유한 열에너지를 회수할 수 있는데, McCarty 등은 이 잠재 에너지가 7.0kWh/m^{3}에 달하는 것으로 보고하였다.

이러한 고찰은 에너지 수지 관점에서 현재의 하폐수 처리 시스템을 개선할 여지가 매우 크다는 것을 시사한다. 실제로 각국의 정부와 학계에서는 하폐수 처리 시스템의 개선을 통해 에너지 중립형(energy-neutral) 또는 에너지 생산형(energy-positive) 운영을 달성하고자 노력하고 있다. 하폐수 처리 시스템의 에너지 수지 개선을 위한 방법은 크게 하폐수에 잠재된 에너지를 효과적으로 회수하는 것과 하폐수 처리에 사용되는 에너지량을 절감하는 것으로 분류할 수 있다. 생물학적 공정 중 대표적인 에너지 회수 공정에는 혐기성 산화(anaerobic oxidation)가, 대표적인 에너지 절약형 공정에는 아나목스(ANAMMOX)가 있다. 이 두 공정은 현재까지 제안된 생물 기반 에너지 회수형·절약형 공정 중에서 가장 기술성숙도가 높으며, 현재 현장 적용이 이루어지고 있는 것들이다. 혐기성 산화와 아나목스 이외의 생물 기반 에너지 회수형·절약형 하폐수 처리공정, 그리고 물리화학적 방법을 활용한 에너지·자원 회수 공정 및 에너지 절약형 공정에 대해서는 다른 문헌을 참고하기 바란다.

혐기성 산화는 유기물질을, 아나목스는 질소를 주 처리대상으로 한다. 현재의 기술 수준에서 이 두 공정은 방류수질, 공정 안정성, 안정화 기간 등의 측면에서 어느 정도 한계가 있어 생활하수 처리시설에서 활성슬러지 및 그 변법을 완전히 대체하는 용도로는 거의 쓰이지 않고 있다. 대신 이들은 유기물질이나 질소가 고농도로 존재하는 폐수와 생활하수 처리 중 발생하는 고농도 오염수(즉, 생활하수의 sidestream)를 처리하는 데 주로 활용된다. 그러나 혐기성 산화와 아나목스를 생활하수 본류(mainstream) 처리에 활용하려는 시도는 최근 십수 년간 매우 활발하게 이루어지고 있으며, 그 현실화 시점이 점점 다가오고 있다.

9.1 혐기성 산화

9.1.1 혐기성 산화의 특성

혐기성 산화는 분자상 산소와 결합상 산소(NO_3^-, NO_2^- 등)가 모두 존재하지 않는 혐기성 조건에서 유기물질을 산화하여 간단한 분자구조를 갖는 물질로 변환하는 과정이다. 하폐수처리장에서 이 과정은 1차 및 2차 슬러지를 안정화(빠르게 생분해되는 물질을 분해가 더 이상 이루어지지 않거나 매우 느리게 생분해되는 물질로 변환하는 것을 의미)하는 데 오랜 기간 이용되어왔다. 최근에는 하폐수 슬러지뿐만 아니라 축산폐수, 분뇨, 음식물 쓰레기 등 유기물 함량이 매우 높은 폐수와 폐기물을 안정화하면서 동시에 메탄이 포함된 바이오가스를 생산하는 데에도 혐기성 산화가 널리 이용된다. 또한, 혐기성 산화 공정의 추가 조작으로 수소 생산이 가능하여 지속가능한 수소 연료 생산의 한 방법으로도 주목받고 있다. 혐기성 산화를 통해 생산된 바이오가스는 정제하여 수요처에 공급하거나 연소를 통해 열에너지를 발생시켜 난방 등에 활용할 수 있다.

바이오가스 생산에 더하여, 혐기성 산화는 슬러지 발생량이 적다는 장점이 있다. 4장에서 논의한 바와 같이, 유기물의 혐기성 산화는 호기성 산화와 (아)질산성 질소를 전자공여체로 한 산화보다 미생물의 에너지 수득량이 적고, 따라서 미생물 바이오매스의 실산출량(true yield) 값도 훨씬 낮다. 즉, 혐기성 산화에서 미생물 생장은 매우 느린 속도로 일어나므로, 혐기성 산화에서는 소량의 미생물 슬러지만이 발생한다. 이에 반하여 혐기성 산화에는 큰 단점 또한 존재하는데, 호기성 산화에 비해 유출수질이 나쁘고(즉, 유출수 내 유기물 농도가 높고) 반응속도가 느리며 공정 운영의 불안정성이 높다. 슬러지 발생량이 적다는 장점과 마찬가지로, 혐기성 산화의 이러한 단점 또한 혐기성 산화 반응의 에너지 수득량이 적은 데서 기인한다. 혐기성 산화로 인해 미생물이 얻는 에너지가 상대적으로 적으므로, 고농도의 유기물이 존재해야 분해 반응이 원활하게 일어나며, 반응속도가 상대적으로 느리고, 혐기성 산화 미생물이 반응조 환경의 변화에 민감하게 반응할 수밖에 없다. 혐기성 산화의 느린 반응속도로 인하여 반응조는 호기성 산화보다 훨씬 긴 고형물 체류시간인 30일 내외로 운전한다.

9.1.2 고분자 유기물질의 혐기성 분해경로

고분자 유기물질의 혐기성 분해는 가수분해(hydrolysis), 산 생성(acidogenesis), 아세트산 생성(acetogenesis), 메탄 생성(methanogenesis)의 네 단계로 이루어진다. 두 번째 단계인 산 생성은 문헌에 따라 발효(fermentation)로 칭하기도 한다. 그림 9-1에 대표적인 고분자 유기물질인 탄수화물(carbohydrates), 단백질(proteins), 지질(lipids)의 혐기성 분해 경로를 나타냈다.

가수분해는 이러한 고분자 유기물질의 단위 구성 물질 간 결합이 물 분자와의 반응에 의해 깨져 저분자 물질로 변환되는 과정이다. 가수분해는 미생물이 분비하는 세포 외 효소(extracellular enzyme)에 의해 이루어지며, 그 결과 탄수화물은 단당류(monosaccharides), 아미노산(amino acids), 지방산(fatty acids)으로 분해된다.

산 생성 단계는 단당류, 아미노산, 지방산 등의 물질이 발효 반응을 통해 산화되어 휘발성 지방산(volatile fatty acids, VFAs), 이산화탄소, 수소를 발생시키는 과정이다. 4.5.2절에서 설명하였듯이 발효 반응은 유기물을 전자공여체이자 전자수용체로 이용한다. 즉, 단당류, 아미노산, 지방산의 탄소가 보유했던 전자는 휘발성 지방산, 이산화탄소, 수소에 재분배된다. 휘발성 지방산은 2~6개의 짧은 탄소 사슬로 이루어진 지방산을 칭하는 용어로, 혐기성 산화 과정에서 생성되는 주요 휘발성 지방산은 아세트산(acetic acid, CH_3COOH), 프로피

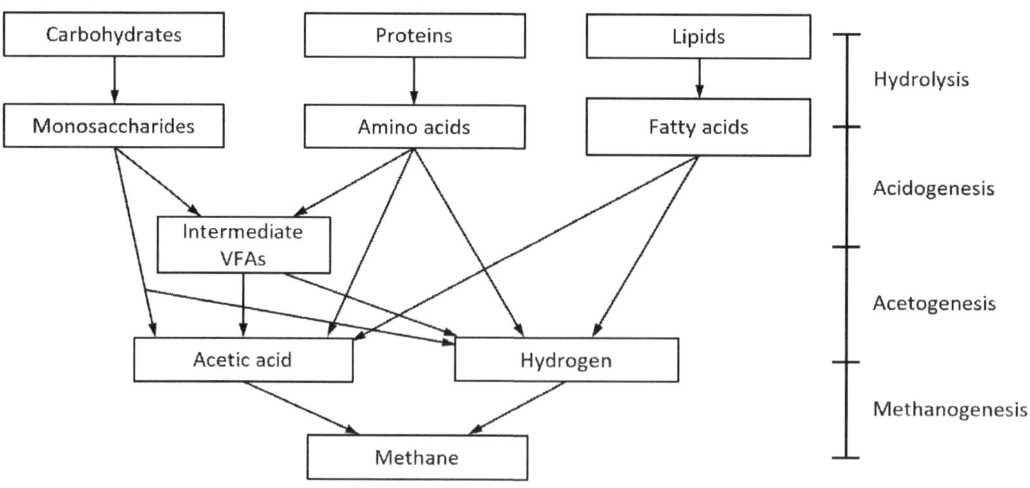

[그림 9-1] 혐기성 산화의 분해 경로

온산(propionic acid, C_2H_5COOH), 뷰티르산(butyric acid, C_3H_7COOH), 발레르산(valeric acid, C_4H_9COOH) 등이다. 이 중 프로피온산, 뷰티르산, 발레르산 등 아세트산보다 사슬 길이가 긴 휘발성 지방산은 가수분해 산물이 아세트산과 수소를 생성하는 분해 경로의 중간 산물이다. 이렇게 저분자 유기물질이 중간 산물 개념의 휘발성 지방산(intermediate VFAs)을 생성하는 과정을 산 생성이라 한다.

아세트산 생성 단계는 산 생성 단계의 산물(intermediate VFAs)이 발효 반응에 의해 추가 분해되어 아세트산과 수소를 생성하는 과정이다. 산 생성과 아세트산 생성 단계의 반응물과 생성물을 살펴보면, 궁극적으로 이 두 단계를 통해 단당류, 아미노산, 지방산 등의 물질이 아세트산, 수소, 이산화탄소로 분해되는 것을 알 수 있다.

메탄 생성 단계는 앞선 단계들의 산물인 아세트산과 수소를 통해 메탄이 생성되는 과정이다. 메탄 생성에 관여하는 미생물은 생물학적 분류상 고균역(Archaea Domain)에 속한다. 메탄 생성균은 크게 두 부류로 나뉘는데, 하나는 아세트산 분해 메탄 생성균(acetoclastic methanogen)이며, 다른 하나는 수소 산화 메탄 생성균(hydrogenotrophic methanogen)이다. 아세트산 분해 메탄 생성균은 아세트산을 이용해 메탄과 이산화탄소를 생성하며, 수소 산화 메탄 생성균은 수소와 이산화탄소를 이용해 메탄을 생성한다. 이 두 메탄 생성균의 공존에 의해 혐기성 산화의 최종 생성물로 메탄과 이산화탄소가 발생한다. 이전 단계에서 생성된 아세트산과 수소가 메탄 생성 단계에서 모두 소모된다면 바이오가스 내 메탄과 이산화탄소의 존재비는 대략 65:35 수준이 된다.

혐기성 산화 각 단계의 관여 미생물과 반응물, 생성물을 표 9-1에 정리하여 나타내었다.

혐기성 산화에서 산 생성균 및 아세트산 생성균과 메탄 생성균은 공생 관계에 있다. 메탄 생성균은 산 생성 및 아세트산 생성 단계에서 발생하는 아세트산과 수소를 기질로 사용하므로, 메탄 생성균이 산 생성균 및 아세트산 생성균의 활성에 의지함은 자명하다. 한편, 산 생성균과 아세트산 생성균의 활성은 이들의 분해산물인 수소의 분압에 민감하게 반응한다. 즉, 반응조의 수소 분압이 일정 수준 이상이 되면 산 생성균과 아세트산 생성균의 기질 분해속도는 크게 느려지게 된다. 수소 산화 메탄 생성균은 매우 낮은 수소 분압에서도 수소를 기질로 사용할 수 있으므로, 반응조 내에서 이 미생물의 활성이 충분하면 산 생성균과 아세트산 생성균의 활성이 유지될 수 있게 된다. 이렇게 산 생성균 및 아세트산 생성균과 메탄 생성균 간에 수소의 주고받음이 일어나는 것을 종간 수소 전달(interspecies hydrogen transfer)이라 한다.

[표 9-1] 혐기성 산화 각 단계 요약

단계	관여 미생물	반응물	생성물
가수분해 (hydrolysis)	세균(bacteria), 균류(fungi)	고분자 유기물 (주로 입자상)	저분자 유기물 (단당류, 아미노산, 지방산 등; 용해상)
산 생성 (acidogenesis)	산 생성균 (acidogen)[1]	저분자 유기물 (단당류, 아미노산, 지방산 등; 용해상)	휘발성 유기산, 수소, 이산화탄소
아세트산 생성 (acetogenesis)	아세트산 생성균(acetogen)[1]	휘발성 유기산 (아세트산 제외)	아세트산, 수소, 이산화탄소
메탄 생성 (methanogenesis)	아세트산 분해 메탄 생성균 (acetoclastic methanogen)[2]	아세트산	메탄, 이산화탄소
	수소 산화 메탄 생성균 (hydrogenotrophic methanogen)[2]	수소, 이산화탄소	메탄

[1]분류: 세균(bacteria), [2]분류: 고균(archaea)

9.1.3 혐기성 산화의 COD 수지와 바이오가스 생산량

혐기성 산화는 호기성 산화의 분자상 산소(O_2)나 탈질의 질산성 질소(NO_3-N)와 같은 전자 수용체의 소모를 수반하지 않는다. 즉, 혐기성 산화로 유기물 분해가 일어날 때 다른 물질로 전자가 이동하지 않는다. 그 대신 혐기성 반응조에 투입된 유기물이 보유하고 있던 전자는 분해 후 잔류하는 유기물과 미생물 바이오매스, 바이오가스(메탄, 수소 등)로 분배된다. COD는 물질이 보유하는 전자(보다 엄밀하게는 이산화탄소 등 완전 산화된 무기물에 비해 유기물이 더 환원된 정도)의 수에 비례하므로, 전자 분배에 대한 위의 사실을 COD 기준으로 다시 쓰면, 유기물의 초기 COD가 잔류 유기물의 COD와 미생물 바이오매스의 COD, 바이오가스의 COD로 분배된다고 할 수 있다. 이를 수식으로 나타내면 다음과 같다.

$$(\text{Initial COD}) = (\text{Residual COD}) + (\text{Biomass COD}) + (\text{Biogas COD}) \qquad (9\text{-}1)$$

초기 COD(initial COD)와 잔류 COD(residual COD)의 차는 혐기성 산화를 통해 미생물이 소모한 COD(utilized COD)를 가리키므로, 식 (9-1)은 다음과 같이 다시 쓸 수 있다.

$$(\text{Utilized COD}) = (\text{Biomass COD}) + (\text{Biogas COD}) \tag{9-2}$$

따라서 혐기성 산화를 통해 소모된 유기물 COD와 생산된 바이오매스의 COD 값을 알면 혐기성 산화로 발생한 바이오가스의 COD 값을 알 수 있다.

혐기성 산화가 메탄 생성 단계까지 일어나 바이오가스의 주성분이 메탄과 이산화탄소만으로 이루어져 있다면(즉, 수소 함유량을 무시 가능하다면), 바이오가스 COD 양은 바이오가스 내 메탄의 COD 양과 같다. 따라서 COD 수지를 통한 혐기성 산화를 통해 발생하는 메탄의 양을 계산할 수 있다. 다음 반응식을 통해 메탄의 단위몰당 COD 값은 64g COD/mol CH_4임을 알 수 있다.

$$CH_4 + 2O_2 = CO_2 + 2H_2O \tag{9-3}$$

COD 수지와 메탄의 단위몰당 COD 값으로부터 혐기성 반응조에서 발생하는 메탄의 몰수 및 질량을 알 수 있다. 한편, 다음 이상기체 방정식을 이용하면 기체 1몰의 부피를 구할 수 있다.

$$V = nRT/P \tag{9-4}$$

여기서, V = 기체가 차지하는 부피[m^3]

n = 기체의 몰수[mol]

R = 이상기체상수 = 0.08206 L-atm/mol-K

T = 절대온도[T]

P = 압력[atm]이다.

이 식에 따르면 0℃, 1기압에서 기체 1몰의 부피는 22.4L, 20℃, 1기압에서 기체 1몰의 부피는 24.0L이다. 따라서 메탄의 단위부피당 COD 값은 0℃, 1기압에서 2.86g COD/L CH_4, 20℃, 1기압에서 2.67g COD/L CH_4로 계산된다. 이 환산계수를 이용하면 COD 수지로부터 발생하는 메탄의 부피 또한 계산할 수 있다.

[예제 9-1] 35℃, 1기압 조건에서 운전되는 회분식 혐기조에서 유기물질을 산화시켰다. 혐기조의 유효부피는 5000m^3, 초기 COD는 3000mg/L이다. 운전을 통해 초기 COD의 90%가 소모되었고, 소모된 COD 대비 바이오매스 생산량이 0.035g VSS/g COD라면, 혐기조 운전으로 발생한 메탄의 총 부피는 얼마인가? (단, 바이오매스의 화학식량은 $C_5H_7O_2N$으로 가정하시오.)

▸ 풀이

식 9-2를 이항하여 다음과 같이 표현한다.

(Biogas COD) = (Utilized COD) − (Biomass COD)

우변의 각 항은 다음과 같이 계산할 수 있다.

$$\begin{aligned}(\text{Utilized COD}) &= 0.90 \times (\text{Initial COD}) \\ &= 0.90 \times 3000\ mg\ COD/L \times 5000\ m^3 \times 10^3\ mg/g \times 10^{-3}\ L/m^3 \\ &= 1.35 \times 10^7\ g\ COD \\ (\text{Biomass COD}) &= 1.42\ g\ COD/g\ VSS \times Y_n \times (\text{Utilized COD}) \\ &= (1.42\ g\ COD/g\ VSS) \times (0.035\ g\ VSS/g\ COD) \times (1.35 \times 10^7\ g\ COD) \\ &= 6.71 \times 10^5\ g\ COD\end{aligned}$$

바이오매스 COD를 구하는 위 식에서 Y_n은 순산출량(net yield)을 가리키며, 1.42g COD/g VSS는 화학식량이 $C_5H_7O_2N$인 바이오매스의 단위질량당 COD이다. 계산한 값을 이용해 바이오가스(메탄)의 COD를 계산하면 다음과 같다.

$$(\text{Biogas COD}) = (1.35 \times 10^7 - 6.71 \times 10^5)\ g\ COD = 1.28 \times 10^7\ g\ COD$$

이상기체 방정식을 이용하면 35℃, 1기압 조건에서 메탄 1몰의 부피는 25.3L로 계산된다. 따라서 발생한 메탄의 총 부피는 다음과 같다.

$$\frac{(1.28 \times 10^7\ g\ COD)}{(64\ g\ COD/mol\ CH_4)} \times (25.3\ L\ CH_4/mol\ CH_4) = 5.06 \times 10^6\ L\ CH_4 = 5060\ m^3\ CH_4$$

9.1.4 혐기성 산화의 제약 요인

혐기성 산화의 유기물질 분해효율, 반응속도, 안정성은 다양한 요인에 의해 큰 영향을 받는다. 혐기성 산화의 각 단계 중 이러한 요인에 의해 제약되는 단계는 주로 가수분해와 메탄 생성이다.

고분자 유기물의 가수분해 속도와 효율은 유기물 특성에 따라 크게 달라진다. 일반적인 혐기성 반응조 조건에서 투입된 유기물은 그 일부만이 가수분해되어 저분자 물질을 생성한다. 특히, 식물 바이오매스와 하폐수 생물학적 처리공정에서 발생한 잉여슬러지는 가수분해에 대한 저항성이 높다. 가수분해에 대한 저항성이 높은 물질을 혐기성 산화로 분해할 경우 가수분해 단계가 총괄 분해속도 및 바이오가스 생산량을 결정할 가능성이 크다.

메탄 생성균은 생장 속도가 느리고 반응조 환경에 민감하게 반응한다. 메탄 생성균의 활성은 pH 7.0 미만에서 상당히 느려지며, pH 6.0 미만이 되면 활성이 거의 완전히 저해된다. 여기서 주목할 점은 메탄 생성의 이전 단계인 산 생성 및 아세트산 생성 단계의 산물이 휘발성 지방산이라는 점이다. 따라서 혐기성 반응조에서 메탄 생성균이 충분히 증식하지 못하면 휘발성 지방산이 반응조에 축적되며, 이는 반응조의 산성화를 유발하고, 이에 따라 메탄 생성균의 활성이 저해되어 메탄 발생이 급격히 감소한다. 이러한 이유로 혐기성 산화를 적용하는 폐수 또는 폐기물이 충분한 알칼리도를 보유하여 산 생성에 의한 pH 감소에 저항성이 있는지 점검하고, 필요하면 석회(lime) 등의 공급으로 알칼리도를 보충할 필요가 있다. 또한, 혐기성 반응조 가동 초기에는 메탄 생성균이 충분히 증식할 수 있도록 운전하는 전략이 필요하다. 혐기성 반응조 가동 초기에 시간당 유입되는 유기물량, 즉 유기물 부하량이 지나치게 크면 메탄 생성균이 충분히 증식하기 전에 과다한 휘발성 지방산이 반응조에 축적되어 산성화가 일어나므로, 적절한 반응조 pH 조건을 유지하면서 메탄 생성균이 증식할 수 있도록 반응조의 유기물 부하량을 서서히 증가시켜 설계 부하량에 도달하도록 하는 전략이 필요하다. 이러한 방식을 통해 설계 부하량 조건에서 일정한 속도로 메탄이 발생하게 되면 혐기성 반응조가 안정화되었다고 한다.

혐기성 반응조에 암모니아 또는 아세트산의 축적이 일어나면 메탄 생성균의 활성이 크게 저해된다. 물에서 암모니아는 자유 암모니아(NH_3)와 암모늄 이온(NH_4^+)의 두 화학종으로 존재하며, 이 중 자유 암모니아가 주 독성 유발 물질인 것으로 알려져 있다. 특히, 아세트산 분해 메탄 생성균은 자유 암모니아 독성에 민감하다. 자유 암모니아 농도 기준으로 100~250mg/L

범위에서 메탄 생성이 저해되는 것으로 알려져 있으며, 이는 pH 7.0 기준으로 18,000~45,000mg/L, 8.0 기준으로 1,800~4,500mg/L에 해당한다. 대체로 혐기성 반응조에서 총 암모니아(NH_3+NH_4^+) 농도가 4,000mg/L 이상이면 암모니아에 의한 메탄 발생 효율 저해가 우려된다고 본다. 아세트산 생성 단계의 산물인 아세트산 또한 메탄 생성균의 활성을 저해할 수 있는데, 반응조에 아세트산이 3,000mg/L 내외로 축적되면 메탄 발생이 저해되기 시작하는 것으로 알려져 있다.

이외에 혐기성 산화에 악영향을 미치는 물질로는 황화물(sulfides), 중금속, 고염분, 기타 독성 유기물질 등이 있다. 또한, 영양분 부족도 혐기성 산화의 효율을 크게 저해할 수 있다. 혐기성 산화의 원활한 작동을 위해서는 질소, 인, 황 등의 주요 영양분 이외에도 철, 코발트, 니켈 등 효소 생성에 필수적인 미네랄이 반응조 내에 충분히 존재해야 한다.

앞서 소개한 대로 혐기성 산화를 통해 발생하는 바이오가스에는 천연가스의 주성분인 메탄이 함유되어 있다. 그러나 바이오가스에는 상당량의 이산화탄소도 포함되어 있고, 부식성 가스인 황화수소도 얼마간 포함되어 있으므로(최대 1%), 바이오가스를 천연가스 인프라에 공급하기 위해서는 추가적인 정제가 필요하다. 이 정제 필요성은 바이오가스의 연료로서의 경제성을 약화시키며, 따라서 소비자에 직접 바이오가스를 공급하여 연료로 사용하는 방식의 활용도를 제약하는 요인이 된다. 바이오가스를 연료로 사용하는 다른 방법으로는 이를 연소하여 전기에너지를 생산하는 방법, 연소 시 발생하는 열에너지를 난방수 공급 등에 사용하는 방법이 있다. 바이오가스 연소를 통한 전기에너지 생산은 효율 측면에서 아직 어느 정도 한계가 있으며, 열에너지 공급은 수송 과정에서의 높은 에너지 손실률로 인해 처리시설에 인접한 지역에 한정된다.

혐기성 산화의 중간 단계 산물인 수소를 포집하여 연료로 사용하는 방법도 최근 주목받고 있다. 이를 수소 발효(hydrogen fermentation) 또는 암발효(dark fermentation)라 한다. 충분한 함량의 수소가 포함된 바이오가스를 얻기 위해서는 메탄 생성균의 활성을 억제해야 하며, 과도하게 낮은 pH에서는 산 생성균의 활성이 저해될 수 있다. 따라서 수소 발효조는 주로 5.0~6.5 범위의 pH로 운전한다. 수소 발효 후 잔류하는 유기물은 별도의 반응조를 통해 메탄 생산에 활용할 수 있다. 수소 발효 역시 반응조 환경요인에 의해 크게 영향을 받는데, 주요 영향요인으로는 폐수 내 수소 분압, pH, 암모니아, 중금속, 기타 독성 유기물질 등이 있다. 또한, 수소 발효균의 활성은 반응조 내에 존재할 수 있는 다른 경쟁 미생물에 의해 크게 저해될 수 있는데, 대표적인 경쟁 미생물로는 유산균(lactic acid bacteria)이 있다. 수소 발효로 발생하는 바이오가스의 주성분으로 수소 외에도 이산화탄소가 있으며, 황화수소 등 다른 불순물도 존재한다. 연료전지에 수소를 공급하기 위해서는 매우 높은 순도의 수소 가스가 필요하므로, 수소 발효조에서 발생하는 바이오가스를 연료로 사용하기 위해서는 까다로운 정제 과정이 필요하고, 이는 수소 발효로 생산된 바이오가스의 활용성을 제한하는 주요 요인이다.

9.2 아나목스 공정

9.2.1 아나목스 반응과 화학양론

아나목스의 영문명 ANAMMOX는 anaerobic ammonia oxidation의 약자로, 분자상 산소가 존재하지 않는 조건에서 암모니아가 산화되는 과정을 뜻한다. 아나목스의 에너지 반응은 다음과 같다.

$$NH_4^+ + NO_2^- \rightarrow N_2 + H_2O \qquad (9\text{-}5)$$

이 반응에서 NH_4^+는 전자공여체로, NO_2^-는 전자수용체로 사용된다. 이 반응을 활용하면, NH_4^+를 NO_3^-로 완전히 산화한 후 생성된 NO_3^-를 무산소 조건에서 환원시켜 N_2를 발생시키는 호기성 질산화–무산소 탈질 공정과는 달리, NH_4^+를 일부 산화시켜 NO_2^-를 생성하고 (부분 아질산화, partial nitritation), 이를 이용하여 잔류하는 NH_4^+를 산화시켜 N_2를 발생, 하폐수의 질소를 제거할 수 있다. 아나목스 반응의 주요 경로는 1) NO_2^-의 환원에 의한 NH_2OH(hydroxylamine)의 생성, 2) NH_2OH와 NH_4^+의 축합반응에 의한 N_2H_4(hydrazine)의 생성, 3) N_2H_4의 산화에 의한 N_2 기체의 생성으로 알려져 있다. 지금까지 아나목스 반응을 매개하는 것으로 밝혀진 세균종은 10개 내외이다.

아나목스 세균은 독립영양생물(autotroph)이므로, 무기탄소를 이용해 세포(유기탄소)를 합성한다. 아나목스 세균이 무기탄소를 유기탄소로 환원시키려면 전자가 추가 공급되어야 한다. 아나목스 반응에서 세포 합성을 위한 전자 공급은 다음 반쪽반응에 의해 일어난다.

$$\frac{1}{2}NO_2^- + \frac{1}{2}H_2O \rightarrow \frac{1}{2}NO_3^- + H^+ + e^- \quad (9\text{-}6)$$

식 (9-5)와 (9-6)을 통해 아나목스 공정의 총괄반응에서 필요한 NO_2^-와 NH_4^+의 몰비는 50:50보다 조금 높음을 유추할 수 있다. 또한, 식 (9-6)을 통해 아나목스 최종 생성물에 약간의 질산성 질소가 포함됨을 확인할 수 있다. 실제로 일반적인 아나목스 공정에서 소모되는 아질산성 질소(NO_2-N)와 암모니아성 질소(NH_3-N)의 몰비는 55:45 내외로 알려져 있다. 따라서 암모니아성 질소를 제거하는 데 아나목스 반응을 사용할 경우 먼저 부분 아질산화로 유입 암모니아성 질소의 약 55%를 아질산성 질소로 변환하고, 이후 아나목스 세균을 이용해 암모니아성 질소와 아질산성 질소를 질소 기체로 변환한다.

9.2.2 아나목스 공정의 장단점

일반적인 하폐수 처리에서 가장 에너지가 많이 소요되는 요인은 생물학적 반응조의 폭기(aeration)를 위한 전기에너지 사용이다. 일반적으로 폭기에 사용되는 전기에너지는 생활하수 처리에 사용되는 에너지 총량의 50% 내외인 것으로 알려져 있다. BOD 저감만을 주요 목표로 하는 재래식 활성슬러지 공정을 개조하여 호기성 질산화-무산소 탈질을 통한 질소 제거효율 향상을 달성하려면, 재래식 활성슬러지 공정보다 더 큰 전기에너지를 폭기에 사용해야 한다. 이는 1) 내부반송(internal recycle)으로 인해 반응조의 크기와 유량이 커지고, 2) 충분한 질산화를 위해 호기조의 고형물 체류시간을 길게 유지해야 하며, 3) 호기성 질산화의 저해를 막기 위해 호기조의 용존산소 농도를 재래식 활성슬러지 공정의 호기조보다 높게 유지해야 하기 때문이다.

아나목스 공정의 가장 큰 장점은 폭기에 들어가는 에너지를 크게 절감할 수 있다는 것이다. 에너지 반응을 기준으로, 호기성 질산화에서 1몰의 암모니아성 질소 산화에 2몰의 산소가 필요한 반면, 55:45의 아질산성 질소와 암모니아성 질소의 비율을 달성하는 데 필요한 산소는 전체 공정에서 분해되는 암모니아성 질소 1몰당 0.825몰이다. 호기성 질산화–무산소 탈질과 아나목스 공정 모두 나머지 반응(무산소 탈질, 아나목스)에서는 산소가 소모되지 않는다. 생활하수의 본류 처리(mainstream treatment)에 아나목스 공정을 적용할 때 소모되는 에너지는 kg COD당 1~5kWh, kg 질소당 0.5~1.5kWh인 반면, 호기성 질산화–무산소 탈질을 수행하는 활성슬러지 공정에서 소모되는 에너지는 kg COD당 0.3~4kWh, kg 질소당 5~15kWh인 것으로 보고된 바 있다(Wu et al., 2021). 에너지 측면에서 아나목스 공정이 가지는 이러한 이점은 운영비용 절감과 온실가스 발생량 저감과도 연계된다. 다만, 아나목스 공정의 부분 아질산화 과정에서 강력한 온실가스인 아산화질소(N_2O)가 상당량 발생할 수 있으며, 따라서 아산화질소 발생량을 효과적으로 제어해야 온실가스 발생량 측면에서 아나목스 공정이 가지는 이점을 유지할 수 있다. 호기성 질산화-무산소 탈질 공정에서도 어느 정도 수준의 아산화질소 발생이 이루어지는 것으로 알려져 있으나(두 부분공정 모두에서 발생), 일반적인 발생량은 아나목스의 부분 아질산화에서 발생하는 아산화질소의 양보다는 적은 것으로 알려져 있다.

아나목스 공정의 추가적인 장점은 슬러지 발생량이 적고 슬러지의 침전성이 좋다는 것이다. 부분 아질산화와 아나목스 반응을 일으키는 미생물의 참수율(true yield) 값이 상당히 낮기 때문에 아나목스 공정에서는 적은 양의 슬러지만이 발생한다. 또한, 아나목스 세균은 침전성이 높은 플록(floc)을 형성하여 침전조에서 쉽게 가라앉는다.

아나목스 공정의 단점으로는 정상적 운영에 진입하는 데 시간이 오래 소요된다는 점, 아나목스 세균이 반응조 환경인자와 독성물질에 민감하다는 점, 적정 반응조 pH 유지를 위해 시약을 투여해야 할 수도 있다는 점, 아나목스 반응의 전단계인 부분 아질산화를 달성하는 게 까다롭다는 점이 있다. 아나목스 반응이 충분한 효율로 발생하기 위해서는 mL당 10^{10}~10^{11}개 정도의 높은 세포 밀도가 필요하며, 일반적으로 이를 달성하기 위하여 수개월의 아나목스 균주 배양 기간이 필요하다. 또한, 반응조 환경의 급격한 변화나 독성 물질의 유입 등으로 아나목스 세균의 밀도가 감소했을 경우 세포 밀도를 복원하는 데 오랜 기간이 소요된다. 실제로 아나목스 세균의 활성은 그 기질인 암모니아와 아질산염, 그리고 독성·비독성 유기물질, 황화물, 염분, 중금속 등 다양한 물질에 의해 저해된다. 아나목스 세균이 활성을 보이는 pH는 6.0~9.0이며, 최대 활성은 pH 8.0 부근에서 나타난다. 유입수질의 특성에 따라서 아나목스 공정의 효율을 높이기 위해 염기 등 시약을 투여해야 할 수도 있으며, 이는 공정의 경제성을 떨어뜨린다. 일반적인 호기성 조건에서 암모니아의 산화는 암모니아 산화균에 의한 아질산성 질소 생성을 거쳐 아질산 산화균에 의한 질산성 질소 생성까지 이루어진다(7.1절 참조). 따라서 아나목스 반응을 이끌어내기 위해서는 아질산 산화균의 활성을 저해해야 한다. 아질산 산화균은 암모니아 산화균에 비해 용존산소 농도에 더 민감하므로, 반응조에서 암모니아 산화균의 활성은 유지하고 아질산 산화균의 활성은 억제되는 용존산소 농도를 유지한다면 아나목스 세균의 기질이 되는 아질산성 질소를 생산할 수 있다. 그러나 이 용존산소 조건은 매우 좁은 범위에 있고, 암모니아 산화균의 활성이 이 범위의 용존산소 조건에서도 완전히 억제되지는 않으므로, 암모니아로부터 아질산성 질소를 선택적으로 생성하는 것은 매우 까다롭다. 최근에는 반응조를 간헐적으로 폭기하는 방법으로 암모니아 산화균의 활성을 유지하면서 아질산 산화균의 활성을 효과적으로 억제하는 방법이 많이 채택되고 있다. 그러나 이러한 방법도 공정 운전이 까다롭고 세심한 주의와 높은 전문성이 필요하다는 단점이 있다. 아나목스 반응을 위해 암모니아의 아질산화는 부분적(55% 내외)으로만 이루어져야 하며, 이 또한 공정 운전을 까다롭게 하는 요인이다.

10 난분해성 유기물질의 하수처리시설 내 거동과 생물변환

난분해성(recalcitrant 또는 refractory) 유기물질은 생물학적 분해가 쉽게 이루어지지 않는 유기화합물을 일컫는다. 대부분의 난분해성 유기물질은 인공적으로 합성된 것들이다. 산업적으로 생산되는 물질들은 생물학적·화학적 안정성이 요구되는 경우가 많으며, 따라서 화학공정에서 의도적으로 생물학적 분해에 대한 저항성이 높은 물질을 합성하게 된다. 자연계의 미생물은 자연 상태의 환경에 존재하지 않는 인공 합성 유기물질에 대한 분해 대사경로를 갖추지 않고 있을 가능성이 크며, 이 또한 인공 합성 유기물의 생물학적 분해 저항성이 높은 근본적인 이유 중 하나이다.

난분해성 유기물질의 생물학적 분해는 짧게는 수개월에서 길게는 수십 년 이상의 기간에 걸쳐 이루어지기 때문에, 수일 정도의 고형물 체류시간으로 운영되는 하수처리시설에서 이 물질의 생물학적 분해가 유의미하게 일어나지 않는다. 그러나 하수처리시설에서 하수에 용존상 또는 입자상으로 존재하는 물질을 제거하는 기작에는 생물학적 분해 외에도 고형물 침전, 흡착, 휘발 등이 있으므로, 어떤 물질의 생물학적 분해가 일어나지 않는다는 것이 이 물질이 하수처리를 통해 제거되지 않는다는 것을 의미하지는 않는다.

세균 등의 미생물은 다양한 기작을 통해 여러 난분해성 유기물질을 분해할 수 있다. 오랜 분해 소요기간으로 인해 난분해성 유기물질의 생물학적 분해를 하폐수 처리에 적용하기는 일반적으로 적절하지 않으나, 난분해성 유기물질로 오염된 토양 및 지하수 정화에서는 생물학적 분해 기작이 자주 사용된다. 이는 토양 및 지하수 정화의 경우 상대적으로 장기간에 걸친 사업을 진행하는 것이 가능하기 때문이다.

이 장에서는 우선 수질, 토양, 지하수, 퇴적물 등의 오염 원인이 되는 다양한 난분해성 유기물질을 소개하고, 난분해성 유기물질이 그 화학적 특성에 따라 하수처리시설에서 어떤 거동을 나타내는지 살펴본다. 끝으로 환경에서 난분해성 유기물질의 농도 저감에 기여하는 생물변환 기작을 유형별로 살펴본다.

10.1 난분해성 유기물질

잔류성유기오염물질은 스톡홀름 협약(Stockholm Convention on Persistent Organic Pollutants)에서 생분해 저항성과 유해성이 특별히 높은 유기화합물이라 규정하고 이들의 생산 및 사용을 규제하고 있다. 이 협약에서 규제하는 잔류성유기오염물질은 세 부류로 분류된다. Annex A와 Annex B에 속하는 화합물은 의도적으로 생산되는 것들로, Annex A군은 극히 제한된 용도 이외에는 가입국의 생산, 사용 및 수출입이 금지되고, Annex B군은 지정된 특정 용도로만 생산, 사용 및 수출입이 가능하다. Annex C군은 비의도적으로 발생하는 부산물로 가입국은 이 물질들의 배출을 최소화하기 위해 노력해야 한다. 2025년 스톡홀름 협약에 등재된 잔류성유기오염물질을 표 10-1에 나타냈다. 표 10-1을 통해 스톡홀름 협약에 등재된 화합물은 대부분 할로겐 원소(염소, 불소, 또는 브롬)를 함유하고 있음을 알 수 있다. 등재된 화합물의 구체적인 구조적 특성을 살펴보면, 이들 중 상당수가 벤젠 고리를 포함하고 있다는 것 또한 알 수 있다.

탄화수소 화합물의 수소가 할로겐 원소로 치환되면 강한 탄소-할로겐 결합으로 인해 분해 저항성이 높아진다. 또한, 유기물질에 존재하는 할로겐 원자는 물 분자와 수소결합을 이루지 않고, 염소, 브롬 등은 그 원자가 크기 때문에, 많은 경우 탄화수소가 할로겐 원소로 치환되면 수용해도가 낮아진다. 따라서 할로겐 원소를 함유한 유기화합물이 환경에 유입되면 생분해되지 않은 채 토양, 퇴적물 등에 결합된 형태로 축적되거나 대기와 해양을 통해 먼 거리를 이동하여 비오염 지역에까지 영향을 미친다. 잔류성유기오염물질이 부유물질이나 생체에 결합되면 해양에서 먼 거리를 이동할 수 있다.

벤젠 고리를 가진 화합물(즉, 방향족 화합물)은 벤젠 고리의 높은 화학적 안정성으로 인해 생분해 저항성이 높다. 벤젠 고리 결합의 파괴—ring cleavage라 한다—는 많은 방향족

[표 10-1] 스톡홀름 협약에 등재된 화합물 목록

화합물 구분 및 명칭	화합물 특성 및 용도
Annex A	
Aldrin	유기염소계 농약
Chlordane	유기염소계 농약
Chlordecone	유기염소계 농약
Decabromodiphenyl ether	브롬화 난연제
Dechlorane Plus	염화 난연제
Dicofol	유기염소계 농약
Dieldrin	유기염소계 농약
Eldrin	유기염소계 농약
Heptachlor	유기염소계 농약
Hexabromobiphenyl	브롬화 난연제
Hexabromocyclododecane	브롬화 난연제
Hexabromodiphenyl ether and heptabromodiphenyl ether	브롬화 난연제
Hexachlorobenzene	유기염소계 농약
Hexachlorobutadiene	유기염소 화합물(농약, 작동유 등)
α-hexachlorocyclohexane	유기염소계 농약
β-hexachlorocyclohexane	유기염소계 농약
Lindane	유기염소계 농약
Methoxychlor	유기염소계 농약
Mirex	유기염소계 농약
Pentachlorobenzene	유기염소 화합물(농약, 난연제 등)
Pentachlorophenol and its salts and esters	유기염소 화합물(목재용 방부제, 농약 등)
Polychlorinated biphenyls	유기염소 화합물(절연용 유체)
Polychlorinated naphthalenes	유기염소 화합물(절연 코팅)
Perfluorooctanoic acid (PFOA), its salts and PFOA-related compounds	과불화화합물(상품 표면 코팅, 식품 포장, 특수용도 소화제 등)
Perfluorohexane sulfonic acid (PFHxS), its salts and PFOA-related compounds	과불화화합물(상품 표면 코팅, 식품 포장, 특수용도 소화제, 계면활성제 등)
Short-chain chlorinated paraffins	유기염소 화합물(플라스틱 가소제, 난연제, 윤활제, 냉각제 등)

화합물 구분 및 명칭	화합물 특성 및 용도
Technical endosulfan and its related isomers	유기염소계 농약
Tetrabromodiphenyl ether and pentabromodiphenyl ether	브롬화 난연제
Toxaphene	유기염소계 농약
UV-328	벤조트라이아졸류(제품용 자외선 차단제)
Annex B	
DDT	유기염소계 농약
Perfluorooctane sulfonic acid (PFOS), its salts and perfluorooctane sulfony fluoride (PFOSF)	과불화화합물(상품 표면 코팅, 식품 포장, 특수용도 소화제, 계면활성제 등)
Annex C	
Hexachlorobenzene	유기염소 화합물(유기용제 및 농약 제조과정의 부산물)
Hexachlorobutadiene	유기염소 화합물(사염화탄소 및 트리클로로에틸렌 생산 과정의 부산물)
Pentachlorobenzene	유기염소계 농약과 사염화탄소 및 벤젠 생산 과정의 중간산물 또는 부산물
Polychlorinated biphenyls	유기염소 화합물(색소, 염료, 페인트 등 제조의 부산물)
Polychlorinated dibenzo-p-dioxins	유기염소 화합물(폐기물 소각, 제련공정, 타 유기염소 화합물 제조공정의 부산물)
Polychlorinated dibenzofurans	유기염소 화합물(폐기물 소각, 제련공정, 타 유기염소 화합물 제조공정의 부산물)
Polychlorinated naphthalenes	유기염소 화합물(폐기물 소각, 제련공정의 부산물)

화합물의 생분해 경로에서 속도 결정 단계로 작용한다.

스톡홀름 협약에서 규제하는 물질은 잔류성(persistence)에 대해 정해진 평가 기준을 만족한 소수의 물질에 불과하므로, 이 협약에 등록된 물질 이외에도 인위적 또는 자연 기원의 다양한 난분해성 유기오염물질이 존재한다. 과불화화합물(per- and polyfluoroalkyl substances, PFAS)은 알킬(alkyl) 구조의 수소의 전부 또는 그중 상당수가 불소로 치환된 화합물군으로, 21세기 들어 가장 주목받고 있는 유기오염물질군 중 하나이다. 과불화화합물은 강한 탄소–불소 결합으로 생분해 저항성이 매우 높고 전 세계적으로 광범위하게 사용되고 있어 많은 우려를 낳고 있다. 2024년까지 미국 환경청에 등록된 과불화화합물은 15,000종에 달하는데(NIEHS, 2024), 이중 스톡홀름 협약에서 규제하는 것은 PFOA, PFHxS, PFOS, PFOSF 및 그 연관 물질로 한정되어 있다. 유기염소계 용매는 20세기 중반부터 주목받기 시작한 유기오염물질군으로, 매우 다양한 산업분야에서 사용된다. 이 부류에는 디클로로메탄(dichloromethane), 클로로포름(chloroform), 사염화탄소(carbon tetrachloride), 테트라클로로에틸렌(tetrachloroethylene, PCE), 트리클로로에틸렌(trichloroethylene, TCE), 트리클로로에탄(trichloroethane, TCA), 모노클로로벤젠(monochlorobenzene), 디클로로벤젠(dichlorobenzene) 등이 있다. 다환방향족 탄화수소(polycyclic aromatic hydrocarbons, PAHs)는 2개 이상의 벤젠 고리가 서로 맞닿아 있는 형태의 화합물로, 유기물질의 불완전연소와 유류 유출 등을 통해 환경으로 유입되며, 전세계적으로 매우 광범위하게 발견된다. 환경에서 다환방향족 탄화수소의 반감기는 일반적으로 그것을 구성하는 벤젠 고리의 개수가 늘어날수록 길어진다. 의약품 및 생활화학제품(pharmaceuticals and personal care products, PPCPs)은 다양한 구조를 가지는 화합물을 포괄한다. Joss 등(2006)이 생활화학제품 35종을 대상으로 실시한 연구에 따르면, 이 중 17종의 화합물은 생활하수의 2차처리 공정에서 50% 미만으로 분해되며, 진정제로 쓰이는 diazepam, 진통제로 쓰이는 carbamazepine과 diclofenac 등은 분해율이 20% 미만인 것으로 예측된다.

10.2 난분해성 유기물질의 하수처리시설 내 거동

8장에서 살펴본 바와 같이, 생활하수의 처리과정은 일반적으로 전처리, 1차처리, 2차처리, 3차처리(고도처리)로 나눌 수 있다. 이 중 전처리는 생활하수에 유입되는 협잡물을 제거하고 필요시 유입되는 유량과 농도를 평준화시키는 과정이며, 3차처리는 2차처리수의 수질이 목표 수준을 만족하지 못할 때 적용하는 것으로 필요에 따라 다양한 공정이 적용될 수 있다. 따라서, 이 절에서는 1차 및 2차처리에 초점을 맞춰 난분해성 유기물질의 하수처리시설 내 거동에 대해 살펴본다. 편의상 이를 논하는 과정에서 난분해성 유기물질은 하수처리시설에서 전혀 생분해되지 않는다고 가정한다.

하수처리시설에서 물질의 거동에 영향을 미치는 기작은 2차처리 시설에서의 생분해 외에도 흡착과 휘발이 있다. 하수 내 부유물질이나 미생물 플록에 흡착 등으로 결합되어 존재하는 물질은 부유물질과 미생물 플록이 침전되어 하수의 본류 처리(mainstream treatment) 시스템에서 제거되는 과정에서 함께 제거된다.

하수의 1차처리 과정에서는 휘발성 유기화합물(volatile organic compounds, VOCs)의 농도가 크게 감소하지 않으나, 2차처리 과정에서는 하수 내의 휘발성 유기화합물 중 상당 부분이 휘발에 의해 제거된다. 2차처리에서 하수에 적용되는 폭기와 교반은 기체상 용존물질이 휘발되는 강한 구동력이 된다. Byrns(2001)는 모델링을 통해 헨리상수가 $10^{2.55}$ Pa·m^3/mol인 물질은 재래식 활성슬러지 공정에서 약 50%가 휘발로 제거되며, 헨리상수 $10^{4.93}$ Pa·m^3/mol인 물질은 약 99%가 휘발로 제거된다고 추정하였다.

Heidler와 Halden(2008)의 논문에서는 문헌으로 보고된 난분해성·비휘발성 물질의 하수처리시설 내 물질수지 자료를 이용해 친수성 물질, 약한 소수성 물질, 강한 소수성 물질의 거동을 분석했는데, 그 결과는 그림 10-1과 같다. 하수처리시설에 유입되는 물에는 일반적으로 100~350 mg/L 수준의 고형물이 존재하는데, 친수성이 높은 수용성 물질의 경우 유입 하수 내 물질의 거의 전량이 수용액상에 존재하는 반면, 강한 소수성을 띠는 물질은 유입 하수 내 물질의 대부분이 고형물에 결합된 형태로 존재한다. 따라서 물질의 소수성이 높을수록 1차 침전지에서 물로부터 제거되어 슬러지 처리공정으로 전달되는 분획이 높아진다. 활

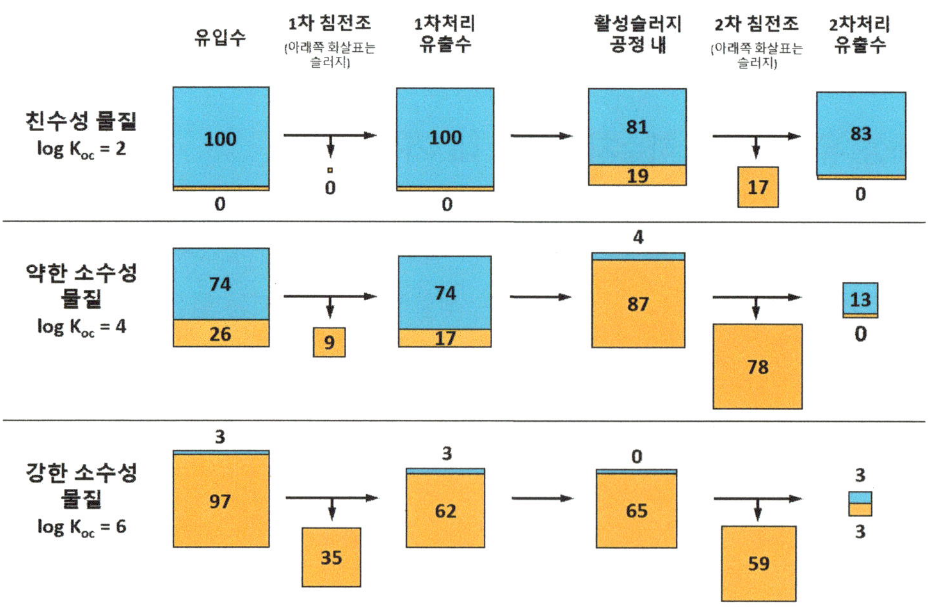

[그림 10-1] 난분해성·비휘발성 물질의 친수성(또는 소수성) 특성에 따른 하수처리시설 내 거동
Heidler와 Halden(2008)의 논문에 제시된 자료를 활용하여 도시함.

성슬러지 공정의 고형물 농도는 미생물의 생장으로 인해 2000~5000mg/L의 높은 값을 유지한다. 따라서 활성슬러지 공정 내에서는 물질이 고형물에 결합되어 존재할 가능성이 상대적으로 높다. 이렇게 고형물(2차 슬러지)에 결합된 물질은 2차 침전조를 통해 슬러지 처리공정으로 전달된다. 다만, 침전조의 고형물 제거효율은 100%에 미치지 못하므로, 2차 침전조 내에서 고형물에 결합되어 존재하는 물질 중 일부는 유출수를 통해 유출될 수 있다. 실제로 그림 10-1에 나타난 분석 결과는 1차 및 2차 침전조의 고형물 제거효율로 각각 36%와 90%를 사용한 것이다.

난분해성 물질의 하수처리시설 내 거동에 대한 위의 논의를 통해 강한 휘발성 또는 소수성을 띠는 물질은 시설을 거치면서 하수 내 농도가 크게 감소할 수 있다는 것을 확인했다. 또한, 정량적인 분석 결과를 제시한 문헌을 고찰하여 하폐수 처리시설에서 난분해성 물질의 실질적인 거동에 대한 이해를 넓힐 수 있었다. 마지막으로 주지할 점은, 하폐수 처리시설을 통해 오염수로부터 제거된 난분해성 유기물질은 화학적 구조 변환을 통해 무해화되는 것이 아니라 대기 또는 슬러지로 전이된다는 것이다. 하폐수 처리시설에서 휘발된 유기화합물로 인한 대기오염이 우려된다면 적절한 발생가스 수집 및 처리장치가 설치되어야 한다. 슬러지에 축적되는 난분해성 유기오염물질은 중금속과 함께 슬러지의 재활용성(예: 토양개량제로 사용)을 저해하는 요인이 된다.

10.3 난분해성 유기물질의 생물변환 기작

10.3.1 미생물의 전자공여체 및 탄소원으로 사용

난분해성 유기물질 중 일부는 미생물의 대사작용을 통해 산화되어 다른 유기물질로 변환되거나 완전 무기물화할 수 있다. 이러한 과정은 난분해성 유기물질의 안정된 화학적 구조로 인해 그 속도가 느리거나 제한된 미생물종에 의해서만 이루어진다. 그러나 이러한 생물분해 과정은 환경 내 난분해성 유기물질의 거동에서 상당한 비중을 차지할 수 있다. 토양에 잔류하는 난분해성 유기물질의 경우 생분해 이외에 그 양적 저감에 기여하는 기작이 거의 없으므로, 생분해는 오염부지 자연정화의 주요 기작으로 작용하는 경우가 많다.

난분해성 유기물질이 전자공여체 및 탄소원으로 사용되면서 분해될 때 산소, 질산성 및

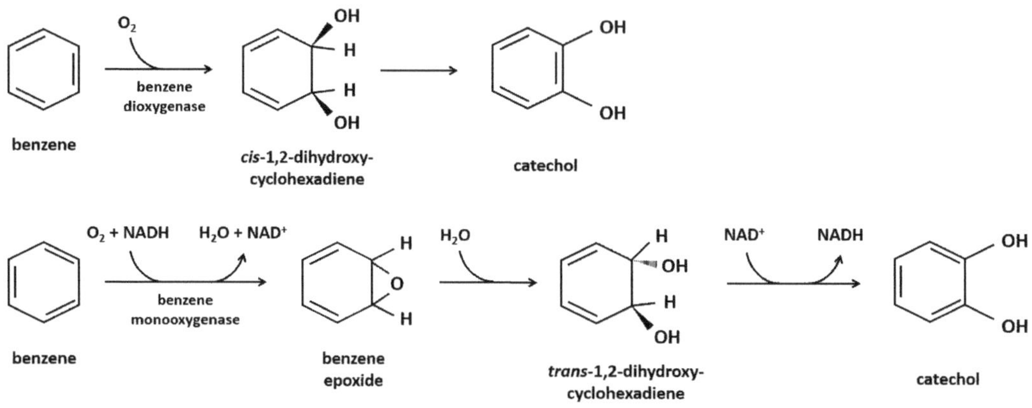

[그림 10-2] 벤젠 호기성 산화의 초기 분해 경로(Mancini et al., 2003)

아질산성 질소, 황산염, 3가철, 4가망간 등 다양한 전자수용체가 이용될 수 있다. 4.6.2절에서 논의하였듯이 산소는 미생물의 에너지 수득 차원에서 가장 유리한 전자수용체이다. 난분해성 유기물질의 분해를 위해서는 강한 산화력이 필요하므로, 전자수용체로서 산소가 갖는 이점은 난분해성 유기물질의 분해에서 상대적으로 더 크게 작용하게 된다. 따라서 난분해성 유기물질이 미생물의 전자공여체 및 탄소원으로 사용되는 생분해 기작은 혐기성보다 호기성 조건에서 훨씬 활발하게 일어난다.

벤젠 고리는 화학적 안정성과 생분해 저항성이 상대적으로 높으나, 특정한 효소에 의해 산화되어 보다 안정성이 낮은 구조로 변환되고 이후 순차적인 생분해를 통해 최종 산화 산물인 이산화탄소와 물을 생성하는 것이 가능하다. 가장 단순한 방향족 화합물의 예로 벤젠의 초기 생분해 경로를 살펴보면, 호기성 조건에서 benzene dioxygenase 또는 benzene monooxygenase에 의해 일차적으로 벤젠의 산화가 이루어지는 것을 알 수 있다. 또한, 각각의 효소에 의한 반응은 그 진행 경로가 다르지만 결국 동일한 중간 산물인 catechol을 생성한다(그림 10-2). Catechol의 고리 구조는 호기성 미생물에 의해 상대적으로 쉽게 파괴되고, 고리 구조가 파괴된 화합물은 더욱 빠른 속도로 순차적으로 산화된다. 단일 벤젠 고리를 가지는 대표적 유기오염물질인 톨루엔, 에틸벤젠, 크실렌과 다수의 벤젠 고리가 결합된 화합물인 다환방향족 탄화수소의 호기적 생분해에서도 초기 단계의 반응은 벤젠의 사례와 유사한 것으로 알려져 있다. 즉, 이들 물질의 호기적 생분해에서 최초 개시 반응은 dioxygenase 또는 monooxygenase가 매개하며, 중간 산물로 catechol 계열의 화합물이 생성되고, 산화반응에 의해 catechol 고리의 탄소 결합이 깨지는 것이 초기 단계 반응을 구성한다.

[표 10-2] 대표적인 할로겐화 유기화합물의 산화-환원반응 반쪽반응식과 표준 깁스 자유에너지 변화(ΔG_r^0) (Schwarzenbach et al., 2003)

환원 상태의 유기물질	반쪽반응식			ΔG_r^0 (kJ/e⁻-eq)
Carbon tetrachloride	$\frac{1}{2}CCl_4+\frac{1}{2}H^++e^-$	=	$\frac{1}{2}CHCl_3+\frac{1}{2}Cl^-$	- 64.7
Carbon tetrabromide	$\frac{1}{2}CBr_4+\frac{1}{2}H^++e^-$	=	$\frac{1}{2}CHBr_3+\frac{1}{2}Br^-$	- 80.1
Tetrachloro-ethylene	$\frac{1}{2}C_2Cl_4+\frac{1}{2}H^++e^-$	=	$\frac{1}{2}C_2HCl_3+\frac{1}{2}Cl^-$	- 56.0
Chlorobenzene	$\frac{1}{2}C_6H_5Cl+\frac{1}{2}H^++e^-$	=	$\frac{1}{2}C_6HCl_5+\frac{1}{2}Cl^-$	- 40.5

혐기성 조건에서의 벤젠 산화는 이산화탄소, 황산염, 3가철, 질산성 질소 등을 전자수용체로 하여 일어나는 것으로 알려져 있다(Vogt et al., 2011). 혐기성 벤젠 산화는 대개 methylation, hydroxylation, carboxylation의 세 가지 다른 경로로 일어난다고 알려져 있으며, 각각의 주 중간대사 산물은 톨루엔, 페놀, 벤질 카르복시산(benzyl carboxylic acid)이다.

10.3.2 미생물의 전자수용체로 사용

할로겐화 유기화합물은 탄소-할로겐 결합이 강하여 파괴하기 어려울 뿐만 아니라, 산화반응이 열역학적으로 선호되지(thermodynamically favorable) 않는 경우가 많다. 표 10-2에 제시되어 있는 몇몇 할로겐화 유기화합물의 반쪽반응의 깁스 자유에너지 변화를 통해 이것을 잘 확인할 수 있다. 이는 미생물의 전자공여체로 널리 이용되는 비할로겐화 유기화합물의 경우 산화반응이 열역학적으로 선호된다는 점과 대비된다(표 4-2 참조). 따라서 상당수의 할로겐화 유기화합물은 미생물의 전자공여체로 유용하지 않다.

표 10-2의 예시를 통해 할로겐화 유기화합물은 역으로 환원반응을 통해 에너지를 생성할 수 있다는 것을 알 수 있다. 이는 이러한 물질들이 미생물의 전자수용체로 유용하게 사용될 수도 있다는 것을 의미한다. 실제로 특정한 미생물종들이 할로겐화 유기화합물을 전자수용체로 이용할 수 있음이 밝혀져 있으며, 이러한 반응을 환원성 탈할로겐화(reductive dehalogenation)라 부른다. 환원성 탈할로겐화는 환원 전위가 높은 혐기성 환경에서 발견되

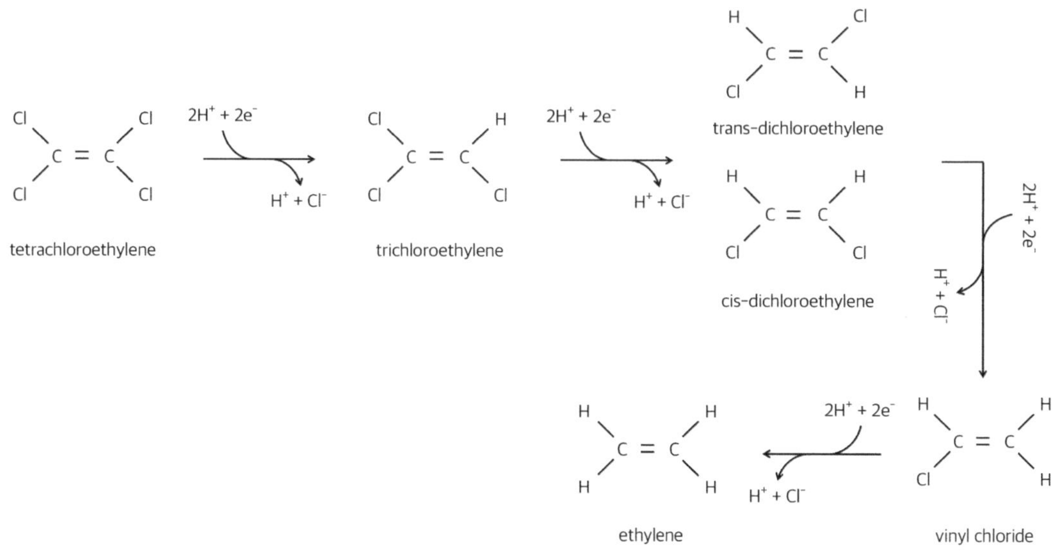

[그림 10-3] 환원성 탈염화에 의한 테트라클로로에틸렌의 분해 경로

며, 수소(H_2)가 전자공여체로 사용된다.

환원성 탈할로겐화 반응은 1990년대부터 2000년대에 걸쳐 테트라클로로에틸렌(C_2Cl_4), 트리클로로에틸렌(C_2HCl_3), 펜타클로로페놀(C_6Cl_5OH)과 같은 염화 유기용제의 지중 거동 파악과 생물정화기술 개발을 목표로 활발히 연구된 바 있다. 이들 염화 유기화합물의 환원성 탈할로겐화 반응을 환원성 탈염화(reductive dechlorination)라 한다. 그림 10-3과 같이 혐기성 조건에서 테트라클로로에틸렌 또는 트리클로로에틸렌은 순차적으로 환원되어 궁극적으로 탄화수소 물질인 에틸렌(ethylene)을 생성할 수 있다. 환원성 탈염화의 최종 산물인 에틸렌은 무독성에 가깝고 여러 경로로 분해되어 무기물화할 수 있으므로 우려의 소지가 거의 없다.

테트라클로로에틸렌과 트리클로로에틸렌의 환원성 탈염화 반응에서 문제가 되는 것은 염화비닐(vinyl chloride)의 축적이다. 이 물질은 테트라클로로에틸렌 및 트리클로로에틸렌보다 독성이 높다. 또한, 여러 미생물종이 테트라클로로에틸렌을 디클로로에틸렌(dichloroethylene)이나 염화비닐까지 탈염화할 수 있는 반면, 염화비닐을 탈염화시켜 에틸렌으로 변환할 수 있는 미생물은 *Dehalococcoides* 속(genus)에 속하는 종들을 포함한 매우 소수에 불과하다. 따라서 염화비닐의 탈염화가 가능한 미생물종이 충분히 존재하지 않는 부지에서는 테트라클로로에틸렌과 트리클로로에틸렌의 환원성 탈염화에 의해 염화비닐이 축적되고, 이에 따라 오염물질 노출로 위해도가 오히려 증가하는 현상이 발생할 수 있다. 따라서 환원성 탈염화에 의한 생물정화를 실시하는 부지에서는 정화하고자 하는 토양 또는 대수층의 초기 미생물 종구성과 그 시간에 따른 변화, 시간에 따른 분해산물의 농도 변화를 면밀히 모니터링하여야 한다.

10.3.3 공대사에 의한 난분해성 유기물질의 분해

공대사(cometabolism)란 다른 물질의 대사과정에서 생산된 효소(또는 조효소)를 이용해 어떤 물질이 분해되는 것을 일컫는다. 어떤 오염물질이 공대사에 의해 분해될 때, 이 오염물질은 미생물의 탄소원이나 에너지원(호흡 반응의 전자공여체나 전자수용체, 혹은 발효 반응의 대상 물질)으로 쓰이지 않으며, 따라서 이 오염물질의 분해는 미생물의 생장과 전혀 관계가 없다.

공대사는 호기성 조건과 혐기성 조건에서 모두 일어날 수 있으며, 염화 유기용제(트리클로로에틸렌, 디클로로에틸렌, 염화비닐 등), 폴리염화 바이페닐(polychlorinated biphenyls, PCBs), 휘발유 첨가제인 methyl tert-butyl ether(MTBE), 벤젠·톨루엔·에틸벤젠·크실렌(합하여 BTEX로 칭하기도 함), 다환방향족 탄화수소 등 다양한 물질이 공대사로 분해될 수 있는 것으로 밝혀져 있다(Hazen, 2010). 표 10-3에 연구를 통해 밝혀진 공대사 효소와 그 효소가 매개하는 에너지 반응의 기질 및 공대사되는 물질을 제시하였다.

여러 오염물질 중에서도 트리클로로에틸렌의 공대사는 많은 연구자들의 관심을 불러일으킨 바 있다. 트리클로로에틸렌(TCE)은 methane monooxygenase, toluene monooxygenase 등의 효소에 의해 산화되어 TCE-epoxide라는 물질을 중간 산물로 생성하며(그림 10-4), 이 물질은 오염부지 내에 존재하는 다른 미생물들에 의해 비교적 쉽게 분해되어 CO_2, H_2O, Cl^-로 무기물화된다. 톨루엔 주입을 통해 트리클로로에틸렌의 공대사를 촉진하여 오염부지를 정화하는 기술의 적용성은 1990년대 말에 현장 규모에서 검증된 바 있다(McCarty et al., 1998).

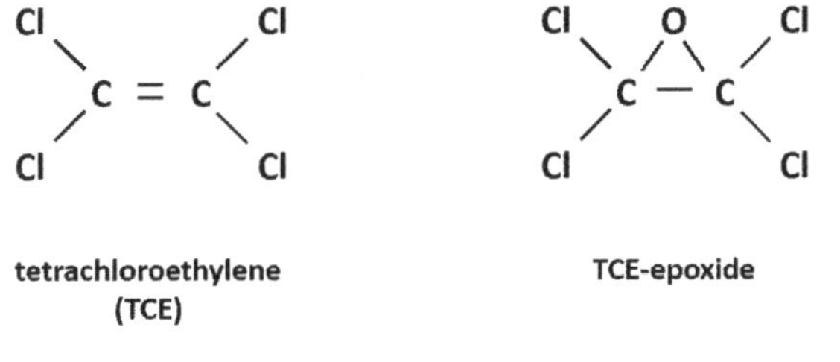

[그림 10-4] TCE와 TCE-epoxide의 구조

[표 10-3] 공대사를 일으키는 것으로 밝혀진 효소와 해당 효소에 의해 공대사되는 것으로 밝혀진 오염물질 (Hazen, 2010)

	호기성 조건			혐기성 조건	
효소	Methane monooxygenase, Methanol dehydrogenase, Alkene monooxygenase, Catechol dioxygenase	Ammonia Monooxygenase	Toluene Monooxygenase, Toluene dioxygenase	Alcohol dehydrogenase	Dehlogenase, Atrazine chlorohydrolase, Dichloromethane dehalogenase
에너지 반응의 기질	Methane, methanol, propane, propylene	Ammonia	Toluene, butane, phenol, citral, cumin aldehyde, cumene, limonene	Methanol	Glucose, acetate, lactate, sulfate, pyruvate
공대사되는 오염물질	TCE, DCE, VC, PAHs, PCBs, MTBE 등 300종 이상	TCE, DCE, VC, TNT	TCE, DCE, VC, 1,1-DCE, 1,1,1-TCA, MTBE	PCE, TCE, DCE, VC, hexaqchloro-cyclohexane	BTEX, PCE, PAHs, pyrene, atrazine, TNT 등

참고문헌

Byrns, G. 2001. "The fate of xenobiotic organic compounds in wastewater treatment plants." *Water Research* 35(10): 2523-2533.

Hazen, T. C. 2010. *Cometabolic Bioremediation, In: Timmis, K. N. Handbook of Hydrocarbon and Lipid Microbiology*. Springer-Verlag.

Heidler, J. and R. U. Halden. 2008. "Meta-analysis of mass balances examining chemical fate during wastewater treatment." *Environmental Science & Technology* 42(17): 6324-6332.

Ismail, N. S., H. Dodd, L. M. Sassoubre, A. J. Horne, A. B. Boehm, and R, G. Luthy. 2015. "Improvement of urban lake water quality by removal of Escherichia coli through the action of the bivalve Anodonta californiensis." *Environmental Science & Technology* 49(3): 1664-1672.

Joss, A., S. Zabczynski, A. Göbel, B. Hoffmann, D. Löffler, C. S. McArdell, T. A. Ternes, A. Thomsen, and H. Siegrist. 2006. "Biological degradation of pharmaceuticals in municipal wastewater treatment: Proposing a classification scheme." *Water Research* 40: 1686-1696.

Mancini, S. A., A. C. Ulrich, G. Lacrampe-Couloume, B. Sleep, E. A. Edwards, and B. S. Lollar. 2003. "Carbon and hydrogen isotope fractionation during anaerobic biodegradation of benzene." *Applied and Environmental Microbiology* 69: 191-198.

McCarty, P. L., M. N. Goltz, G. D. Hopkins, M. E. Dolan, J. P. Allan, B. T. Kawakami, and T. J. Carrothers. 1998. "Full-scale evaluation of in situ cometabolic degradation of trichloroethylene in groundwater through toluene injection." *Environmental Science & Technology* 32(1): 88-100.

McCarty, P. L., J. Bae, and J. Kim. 2011. "Domestic wastewater as a net energy producer—Can it be achieved?" *Environmental Science & Technology* 45: 7100-7106.

Metcalf & Eddy, Inc. 2014. *Wastewater Engineering: Treatment and Resource Recovery*. 5th ed. McGraw-Hill.

Michaelis, L., and M. L. Menten. 1913. "Die Kinetik der Invertinwirkung." *Biochemistry Zeitung* 49: 333–369.

NIEHS (National Institute of Environmental Health Sciences). 2024. Perfluoroalkyl and polyfluoroalkyl Substances (PFAS). https://www.niehs.nih.gov/health/topics/agents/pfc, accessed April 04, 2024.

Rittmann, B. E. and P. McCarty. 2001. *Environmental Biotechnology: Principles and Applications*. McGraw-Hill.

Schwarzenbach, R. P., P. M. Gschwne, and D. M. Imboden. 2003. *Environmental Organic Chemistry*. 2nd Ed. Wiley-Interscience.

USEPA. 2006. Waterwater Management Fact Sheet: Energy Conversation. EPA 832-F-06.024. EPA Office of Water.

Vogt, C., S. Kleinsteuber, and H. Richnow. 2011. "Anaerobic benzene degradation by bacteria." *Microbial Biotechnology* 4(6): 710-724.

Wu, D., X. Li, and X. Li. 2021. "Toward energy neutrality in municipal wastewater treatment: A systematic analysis of energy flow balance for different scenarios." *ACS ES&T Water* 1(4): 796-807.

저자 소개

최용주(Choi, Yongju)

서울대학교 지구환경시스템공학부 학사(2006)
서울대학교 건설환경공학부 석사(2008)
스탠퍼드대학교 토목환경공학과 박사(2013)
스탠퍼드대학교 토목환경공학과 박사후연구원(2013~2014)
서울대학교 건설환경공학부 교수(2014~현재)